威士忌的科學

製麥、糖化、發酵、蒸餾……
創造熟陳風味的驚奇祕密

古賀邦正　著

晨星出版

前言

近來，威士忌的話題似乎特別熱鬧。

例如最近就經常耳聞，日本產的威士忌（也就是Japanese Whisky）不僅在國內受到歡迎，在國外也擁有高人氣。國際上對於日本威士忌的高度評價，始於２００３年在世界知名競賽上勇奪金牌的「山崎12年」，自此之後，獲得最大獎（Trophy）或金牌的酒廠與品牌年年增加，時至今日，日本威士忌在全球早已奠定不可動搖的口碑。威士忌的主要生產國（地區）包括蘇格蘭、愛爾蘭、美國、加拿大和日本，人稱「威士忌５大國」。對其他前輩國家而言，日本威士忌的動向，如今似乎也具有不小的影響力。

像現在這般發光發熱之前，日本威士忌也曾走過一段曲折的歷史。自最初的國產威士忌於１９２９年誕生以來，市場一度相當活躍，卻在１９８３年左右陡然縮小。而這一萎縮下去，竟持續了4個半世紀之久。直到２００８年，市場才開始從谷底反彈，終於在２０１５年左右迎來全新盛況。威士忌之所以東山再起，和高球酒的人氣復甦，以及電視劇《阿政與愛莉》的影響固然有關，但在筆者看來，人們終於重新認識威士忌的魅力，特別是體會到日本威士忌的優良品質，才是眞正關鍵的因素。

仔細想想，現在受到國際讚揚的日本威士忌，許多都是在市場萎縮的逆風期誕生的。面對每況愈下的市場，依然有人持續一絲不苟地慢慢釀造、培育威士忌，獎盃和金牌榮譽，就是這些人的存在證明。而認可其優良品質的，則是來自海外的威士忌業界人士。威士忌製造，就是如此超越國界的美好事物。

本書主題將介紹威士忌誕生的始末、散發獨具魅力香氣的原因，以及威士忌想對人們訴說的話語。架構方面和8年前的拙作《威士忌的科學》雷同，但實際的內容則有相當程度的改寫。由於十分巧合地，前作付梓後，隨即遇上威士忌的復甦熱潮，如今威士忌的樣貌，已與8年前截然不同。這也讓我更有改寫本書、重新出版的動力。

本書結構可概分爲3個部分。第I部「威士忌基本資料」中，將加深對威士忌的基本理解。從穀類蒸餾酒之一的威士忌是如何誕生、爲何會貯藏在橡木桶中，到「5大威士忌」的個別特色等，並介紹廣受歡迎的品牌。特別是近年戰鬥力十足的日本威士忌，更希望讀者多加關注。

第Ⅱ部「威士忌的少年時代」，將介紹威士忌的製造工程。經過製麥、糖化、發酵、蒸餾、貯藏、調和及後熟的複雜工程，才能製成威士忌原酒，也就是最終成品的基礎。其中尤以貯藏最爲耗時，例如陳放10年的威士忌原酒，貯藏時間就占了整個製造期的99％之多。貯藏期間，原酒會逐漸熟陳，品質顯著提升，是威士忌製造最費時的階段。

不過，單是拉長貯藏時間，不一定能造就高品質的原酒。若想獲得高品質原酒，豐醇且精良的貯藏前蒸餾液（又稱爲新酒）是不可或缺的。如果新酒的存在感不足，會熬不過長時間的貯藏。因此，從製麥到蒸餾的每個步驟都必須極盡講究，這種竭盡人類智慧結晶的趣味，也請務必好好體會。

「不多不少，剛剛好。」正如這句標語所形容，威士忌便是這麼眞誠實在的酒。眞誠的酒的製造工序格外重視傳統，會出現科學常識無法理解的狀況。然而，有時這些狀況其實正連結著最先進的科學技術。

舉例來說，蘇格蘭和日本威士忌在發酵時，會將威士忌酵母和艾爾酵母（用於發酵艾爾啤酒的酵母菌）這2種酵母菌混合發酵。爲什麼要刻意使用2種酵母菌，長年以來一直是個謎。後來人們才發現，當混合發酵時，艾爾酵母會在自己的細胞內生成「液胞」組織，並儲存營養，因此即便陷入飢餓狀態，也能延長細胞壽命。如此一來能促進「豐醇發酵」，造就風味豐厚、存在感十足的新酒。

這種酵母菌生成的液胞，引起某位研究者的興趣。他深入研究飢餓狀態的酵母菌液胞的作用，並將這種現象稱爲「自噬（Autophagy）」。他發現自噬現象也存在於人類細胞中，並具有多方活用的潛力。因其研究結果，這位大隅良典博士獲得了2016年的諾貝爾生理學或醫學獎。液胞不僅能創造香醇的威士忌，還能維持人體的健康。

筆者年輕時，也曾進行大約10年的威士忌熟陳研究。當時初次體會威士忌製造工程的無比精妙，亦驚訝於威士忌製造裝置的形構之美，由裡至外沒有一個多餘的零件。整潔的環境，在酒廠中井然有序工作的人們，令我感動不已。原來所謂的美酒，是由美好的工具和環境，經人之手創造出來的。懷著這樣的心情，希望能將威士忌製造工程的樂趣及偉大之處傳達給各位。

第Ⅲ部「熟陳的科學」，可說是本書的重點主題。

新酒就像雖然具備確實的存在感，卻依然粗魯的年輕武士。這個部分將爲讀者介紹，在木桶的小宇宙中，新酒是如何習得風味這項「美德」，並逐漸成長爲圓融的威士忌。

威士忌最主要的風味成分，是如何產生的？其來源和熟陳反應，讀者們想必會十分驚訝。「美德之味」的形成，可謂是威士忌熟陳的核心。然而實際上，到現在依然有許多無法解明的部分。說起來，威士忌的滋味本身就是模糊又難以捉摸的，這個「滋味」的產生，其實與水和乙醇的各種特殊交互作用有著密切關係。或許因爲乙醇的分子構造太單純，過去的研究者才想不到，這樣的物質竟能賦予威士忌豐富多樣的面貌。但這其實才是最有意思的部分，其中更潛藏著神奇的作用機制。

筆者離開威士忌的研究工作後，大約有30年的時間都在進行食品機能性的研究開發。從威士忌熟陳研究中獲得的知識與經驗，也在這段期間發揮不少作用。於是本書將綜合機能性研究的學問，並參考最新的研究報告，致力闡明威士忌熟陳與風味的奧妙之處。

承蒙諸位故人與先進的眾多研究成果，本書滿載最先進的現代科學內容，倘若能讓各位讀者體會威士忌的美好與樂趣，便是筆者無上的喜悅了。

第II部 威士忌的少年時代…65

第11章 溶解的木桶——驚人的木桶溶出物質與乙醇濃度…168

第12章 對於「味」的考察——區別「甜味」與「辛辣味」的關鍵…193

第13章 探究「多樣性」之謎——水與乙醇的愛恨情仇…208

第 I 部 威士忌基本資料

第1章

一切始於偶然

煉金術和私釀開拓的歷史

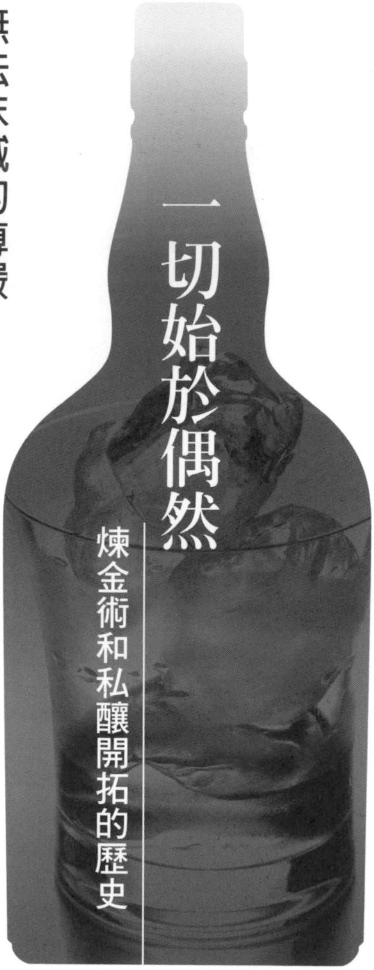

無法抹滅的尊嚴

威士忌是一種「令人掛心」的酒。雖然不至於時刻放在心上，但每當看到威士忌時，總會有那麼點在意，不禁想問問「哎呀，今天還好嗎？」「最近有沒有變化啊？」，或是說聲「又見面啦！」對我而言，威士忌不是會向我說話的酒，而是會讓我想主動對它說話的酒。

威士忌身上，擁有不可思議的魅力。當然，裝入酒瓶、貼上酒標的威士忌，也有其沉穩厚重的韻味，但從酒瓶裡解放出來後，才能展現真正迷人的魅力。

讓我們將威士忌靜靜注入烈酒杯。凝視著寧靜卻仍帶確實存在感的酒液，我果然還是會忍不住對它說起話來，威士忌就擁有這樣的力量。

注意到威士忌的奇妙魅力，是我對「喝到一半的酒」產生興趣時的事。

無論什麼樣的酒，剛注入酒杯時，都滿溢著光輝的存在感。當時我很好奇，這份尊嚴究竟會在什麼階段消失，於是將每杯酒都喝掉一半後，以全新的目光審視它們的姿態。

遺憾的是，絕大多數的酒雖然依舊美味，那光輝滿溢的尊嚴卻已然消散，如今只是飲用者手中的所有物，成為單純而服從的飲品。換言之，就只是「喝到一半的酒」而已。

然而，威士忌卻不同。烈酒杯裡剩餘半份的威士忌，並不是「喝到一半的酒」。與注入酒杯時相較，此刻的光芒沒有絲毫消減，與飲用者堂堂對峙。雖然沉靜寡言，卻有著令人不得不嘆服、實實在在的存在感。

無法洞察真貌、無法量測輕重，也無法捉摸實體，但確實存在。世間有時便會出現這樣的東西，而威士忌的魅力，或許正是其中之一。

不過，威士忌愈是迷人，我們就會益發聚精會神，努力想看清無法看清的、測量無法測量的、掌握無法掌握的。就像想以細小的樹枝捕捉微風的流動，無論再怎麼觀察樹枝，都不可能看見風的本體。即便如此，人類依然無法停止從樹梢的動靜和雲的流動，探求風的面貌。

以科學方法分析威士忌，或許也是類似的行爲。爲了儘量了解更多威士忌的神奇魅力，筆者就這樣踏上了威士忌的科學研究之旅。

戲劇性的轉變

自古以來，人類便以酒爲好、以酒爲友。西元前３０００年的美索不達米亞時代，就已經有葡萄酒和啤酒，人與酒的往來可謂歷史悠久。自從迷上那微醺的美好，人類便絞盡腦汁創造出豐富多樣的酒種。

現在常喝到的酒，大致可分爲「釀造酒」和「蒸餾酒」２類。

釀造酒，是穀類或水果中的糖類在酵母菌作用下轉變爲酒精，其液體部分即爲成品，葡萄酒、啤酒和日本酒皆屬此類。先人們偶然製造出的酒，就是釀造酒。

蒸餾酒，則是將釀造酒加熱，使其中的酒精和香氣成分蒸發，並將這些蒸發後的氣體收集冷卻，回復到液態。由於經過濃縮，酒精濃度較高。蒸餾酒的存在，讓人感受到先人們想進一步享受飲酒樂趣、深入醉鄉的心情。

威士忌就是代表性的蒸餾酒之一。將原料的大麥芽或穀類糖化後，在酵母菌作用下發酵成爲發酵終液（稱爲「酒汁」），再進行蒸餾。剛蒸餾好的酒裝進木桶，經過長時間的貯藏，就成爲威士忌。

蒸餾酒另外還包括白蘭地、伏特加和燒酎等。白蘭地和威士忌的差別，在於使用葡萄等水果類做爲原料。而伏特加和燒酎則不會貯存在木桶中，這點也和威士忌不同。

若要論威士忌的特徵，就在於極長的貯藏時間。

許多人都知道，威士忌在木桶中長時間貯藏後，就會出現「圓潤」的口感，變得更好喝，這個過程稱爲「熟陳」。許多食品都能經由熟陳而更加美味，但對於威士忌來說，這樣的變化尤其巨大。因此，威士忌必須花費數年的時間貯藏，陳放10年以上的也屢見不鮮。光是靜置著，就能戲劇性地創造出圓潤口感。許多科學家都很想知道，爲什麼威士忌的熟陳可以產生如此的變化，但即便進行了各種研究，目前仍存有諸多謎團。

誕生自煉金術的蒸餾酒

熟陳之酒·威士忌誕生的過程，與其命名的由來息息相關。

「威士忌的語源，即『生命之水』。」

十幾年前，當時我才剛開始喝威士忌。幽暗的酒吧吧檯前，坐在一旁的友人娓娓道來，看在我眼裡就像個哲學家。

「生命之水」的拉丁語是「aqua vitae」。8世紀時，蒸餾釀造酒的技術眞正開始普及，人們如此稱呼獲得的蒸餾酒，表示珍惜之意。

「生命之水」一詞在當時想必十分新穎，並逐漸傳到歐洲各國。丹麥、挪威和瑞典等斯堪地那維亞各國，將這種受歡迎的蒸餾酒稱爲「Akvavit」，來源正是這個詞。另外，法國將葡萄酒的蒸餾酒，即白蘭地稱爲「Eau-de-Vie」，也是同樣的含意。伏特加（Vodka）則是以裸麥（黑麥）或小麥做爲原料的蒸餾酒，名稱也來自俄文的Voda（水）。

威士忌也是其中之一。在威士忌發祥的愛爾蘭和蘇格蘭，過去的住民凱爾特人使用蓋爾語，而「生命之水」直譯成蓋爾語就是「Uisge-beatha（Uisge爲生命，beatha爲水）」。這個詞後來訛傳爲Usquebaugh，最終變形成威士忌（Whisky/Whiskey）。

至於蒸餾技術本身，則來自西元前3000年的美索不達米亞時代，據說是爲了從花蜜中製作香水，才發明出蒸餾器。到了西元前750年，古阿比西尼亞（衣索比亞的舊稱）曾使用蒸餾器蒸餾釀造好的啤酒，被認爲是最初的蒸餾酒。然而，廣受歡迎的「生命之水」的誕生，1500年後風行的「煉金術」扮演了更重要的角色。

如各位所知，煉金術起源於古埃及，經由阿拉伯傳到歐洲，是一種原始的科學技術。科學技術的進展需要命題，煉金術士們的命題，就是將容易氧化的卑金屬（銅、鐵等）變化成不易氧化的貴金屬（金、銀等），以及製作「長生不老」的萬靈藥，並爲此竭盡心智。以這一點來看，古今的科學命題倒是相去無幾。

到了8世紀，阿拉伯的煉金術士賈比爾・伊本・哈揚（Jabir ibn Hayyan）構思出一種叫「Alembic」的銅製蒸餾器。這種蒸餾器的設計可以使蒸發的成分凝結，並讓冷凝後的蒸餾液從一根細管流出，具有獨特優美的形狀。經過Alembic的蒸餾可以去除雜味，取得乾淨清澈的蒸餾液，煉金術士們便開始用Alembic蒸餾各式各樣的釀造酒。蒸餾技術因此進步神速，人們將蒸餾酒稱爲「生命之水」，廣泛普及開來。

西元前就已經存在的蒸餾酒，爲何直到這個時代才開始普及，一直是個謎。不過無論如何，Alembic的發明確實是蒸餾酒普及的一大因素。「生命之水」的命名功勞也不可小覷，這個詞彙中，似乎隱藏著令人心動的神祕力量。

上述的銅製Alembic型單式蒸餾器傳承至今，依然被用來製作威士忌，稱爲「壺式蒸餾器（Pot Still）」。筆者當年還在酒類研究所時，就曾使用小型的壺式蒸餾器進行蒸餾實驗。望著透明的蒸餾液從Alembic型蒸餾器滴落，不知爲何，心情就能平靜下來。可想而知，古時先賢們也是凝視著相同的風景，思考生命從何而來，又向何方歸去。在酒吧裡告訴我威士忌名稱由來的友人，或許也因爲相同原因，才散發著哲學家的氣息吧。

從「私釀」中發現熟陳

在「生命之水」的美名下，Alembic型的單式蒸餾器隨之傳遍世界。威士忌雖然也隨著凱爾特人的遷徙傳到愛爾蘭及蘇格蘭，但最初只是將大麥芽的釀造酒進行蒸餾的粗製酒而已，和現在的威士忌還相差甚遠。直到某個戲劇性的轉捩點後，蒸餾酒的品質才終於突飛猛進。這個轉捩點，就是從私釀業者將酒放進木桶貯藏開始。

西元1707年英格蘭與蘇格蘭合併，大不列顛王國誕生。1725年起，英格蘭政府開始對威士忌生產者課徵高額的麥芽稅。稅金帶來非常沉重的壓力，對當時的威士忌生產者而言，儼然是斷絕生計、攸關生死的問題。忍無可忍之下，只好將酒廠搬到稅務官鞭長莫及的高地區（Highlands）深山中，開始私自釀酒。尤其在兩次的蘇格蘭獨立戰爭失敗後，英格蘭政府對蘇格蘭居民的管制便更趨嚴謹。因此，威士忌私釀就以獨立戰爭的士兵為中心，愈發興盛起來。

當然，私釀威士忌不能自由販賣，所以在機會到來前，只能先集中囤放。當時碰巧從西班牙運來一批空的雪莉桶，私釀業者就將威士忌裝入酒桶，以便長時間保存。等到時機來臨，他們一開桶，竟發現裡面的酒變成了芳醇圓融的琥珀色液體，大為吃驚，這就是木桶熟陳威士忌的誕生。

將威士忌放入雪莉酒桶保存雖是純屬僥倖，但在一定程度上，背後仍有其必然的歷史背景。經過15世紀到17世紀，由西班牙和葡萄牙領軍的大航海時代，來到18世紀，輪到英國成為大海的支配者。在漫長的航海生活中，葡萄酒是船員不可或缺的紓壓飲品，但品質容易劣化這點卻令人傷腦筋。因此，他們將蒸餾酒加入葡萄酒後，倒進木桶中陳放，創造了酒精強化版的葡萄酒，也就是雪莉酒。桶陳的雪莉酒從此成為航海人的夥伴。在這樣的背景之下，英國國內也很容易接觸並取得雪莉桶。

後來，連英王喬治4世也嘗到了熟陳威士忌的美味，自此之後，威士忌終於成爲政府認可的酒。

邁向多樣化

另一個大幅提升威士忌品質的關鍵，是連續式蒸餾機的發明。

起初，所有的威士忌都是由Alembic型單式蒸餾器製造。然而，在連續式蒸餾機於1831年誕生後，才革命性地改善了威士忌的品質（此外，將「Alembic型」標示爲蒸餾器，而「連續式」標示爲蒸餾機的慣例，本書也遵循之）。

連續式蒸餾機（Continuous Still）由愛爾蘭人埃尼斯·科菲（Aeneas Coffey）發明，因此也稱爲科菲蒸餾機（Coffey Still）或專利蒸餾機（Patent Still）。

後面會再詳述這台蒸餾機的名稱由來與構造，簡單來說，就是一種可以將酒汁連續投入，並連續取得含乙醇的精餾成分的機器。因爲經過精餾程序，威士忌蒸餾液的香味會更加純淨輕盈。無論是以大麥芽爲原料的酒汁，或是以玉米爲原料的酒汁，通過連續式蒸餾機後，成品都不會有太大差別。不過換言之，這樣的酒也就失去了個性，變得中性而缺乏特色。

以大麥芽爲原料，用Alembic型單式蒸餾器製造的威士忌，稱爲「麥芽威士忌（Malt Whisky）」；而以玉米等穀類爲原料，用連續式蒸餾機製造的威士忌，稱爲「穀物威士忌（Grain Whisky）」。

麥芽威士忌被認爲是「Loud Spirits（張揚的酒）」，穀物威士忌則是「Silent Spirits（沉默的酒）」。麥芽威士忌充分反映了穀類的特性，強勁地朝我們而來，但一味的強勢作風，接受者也會感到疲乏；若要讓威士忌深入一般人的日常生活，就需要兼具適度的力道與穩重，此處誕生的，就是將個性強烈的麥芽威士忌，和平凡中性的穀物威士忌雙方調和，取得品質平衡的「調和威士忌（Blended Whisky）」。

如上所述，連續式蒸餾機的發明，帶來了威士忌的多樣化。威士忌的種類，便可分爲麥芽威士忌、穀物威士忌，以及調和威士忌3大類。

而麥芽威士忌，又可分爲由單一酒廠的多桶原酒混調而成的單一麥芽威士忌（Single Malt），以及由複數酒廠的多桶原酒混調而成的調和麥芽威士忌（Vatted

表 1-1　威士忌的種類

麥芽威士忌	以大麥芽為原料發酵，將獲得的酒汁用壺式蒸餾器蒸餾，並經過長時間木桶貯藏的威士忌。
單桶威士忌	取單一木桶中的酒裝瓶而成的威士忌。
單一麥芽威士忌	由單一酒廠的麥芽威士忌裝瓶而成。
純麥威士忌	以麥芽威士忌裝瓶而成。
調和麥芽威士忌	由複數酒廠的麥芽威士忌，經調和後裝瓶而成。
穀物威士忌	以玉米等穀類為原料發酵，將獲得的酒汁用連續式蒸餾機蒸餾，並裝填入木桶貯藏的威士忌。
調和威士忌	將麥芽與穀物威士忌調和，依需求再次裝填入木桶貯藏的威士忌。

Malt）（表1－1）。另外，純麥（Pure Malt）一詞也很常見，指的是完全以麥芽做爲原料的威士忌，似乎單一麥芽和調和麥芽威士忌都可以使用這個詞。

至於穀物威士忌，則是以玉米或裸麥等穀類，和大麥芽以5比1左右的比例混合做爲原料，將發酵後的酒汁以連續式蒸餾機蒸餾，放入木桶中熟陳。另外，也有完全以穀類爲原料的做法，通常用於和麥芽威士忌調和，製成調和威士忌。

各種不同的麥芽及穀物威士忌，經由經驗豐富的調酒師（Blender）加以調和，依需求進行再貯藏，最後的成品就是調和威士忌。實際上，調和威士忌可用上多種（甚至多達30種以上）不同的原酒，個性強烈的麥芽原酒和穩重的穀物原酒，經過調和後，就能成爲整體香氣平衡、入喉滑順的成品。

無論麥芽或調和威士忌，當要標示熟陳年數時，都必須以其中熟陳年數最短的原酒爲準。威士忌的釀製工程相當複雜，又需耗費漫長的時間，不過由於工程管理嚴謹，飲用的人可以確實掌握酒品的製造過程。可以一邊品味其中樂趣一邊享受佳釀，也是威士忌獨有的特色。

不可思議的木桶

「熟陳之酒」威士忌的種類豐富，但共通點是，都必須在木桶中經過極長時間的貯藏。人們一邊想像威士忌在桶中度過的漫長時光，一邊愉快地品嘗熟陳後的香氣和風味。若要成爲足以被鑑賞的存在，威士忌就必須在木桶中培育出獨特的個性（圖1－1）。

受到威士忌在桶陳過程中的劇烈變化所吸引，相關的研究始終絡繹不絕。但究竟爲什麼經過長時間貯藏就會變美味，至今仍有諸多未解之謎。

圖 1-1　木桶並陳的威士忌酒窖

存放威士忌所使用的木桶，只能使用英語中統稱爲「Oak」的橡木（櫟樹的一種）來製造。威士忌木桶的形狀，與日本人熟知的和式木桶不同，具有兩端都向內收攏的特殊造型。威士忌若不使用這種木桶貯藏，就無法熟陳。

貯藏期間，木桶的橡木材會溶出許多物質進入酒液中。這對威士忌的影響肯定很大。但如果以人工方式，從橡木中抽出這些成分加入酒液中，卻也無法變成威士忌。蒸餾液的成分和木桶的成分會相互發生各種反應，貯藏期間又會有更多新的成分產生，這些分子經過錯綜複雜的變化後，才會將威士忌轉變爲熟陳的狀態。可想而知，過程中應有許多化學反應在並行發生。具體已知的反應，包括穿透木桶、緩緩融入威士忌的氧分子進行的氧化反應，以及氧化生成物與酒精造成的縮醛化反應和酯化反應，最多如此而已。但只憑這些反應生成物，依然無法充分解釋熟陳威士忌的品質。

可以確定的是，這種形狀的橡木材質桶，非常適合做爲包含未知反應在內的多種化學反應均衡並行的空間。橡木桶既是存放威士忌的容器，也是促使熟陳反應進行的重要反應器。至於其中原因，目前依舊無法完全參透。

另外，主成分的乙醇和水的交互作用也非常複雜。乙醇除了容易溶於水（親水性）外，同時也具有疏水的現象。乙醇對水的愛恨關係，是影響威士忌品質在貯藏期間變化的一大因素，但具體的作用機制，目前僅停留在假說的階段。可以說愈是深入研究威士忌熟陳成分的影響，不明白的部分就愈多。不僅如此，乙醇本身具備的味質也不單純，與木桶溶出物質共存時，似乎更會產生各式各樣的變化。眞是趣味無窮呢！

難以數值化的「美德」

坂口謹一郎博士在著作《愛酒樂醉》中提到：「若要說好酒應該具備何種美德，那終究要回歸到香味的調和與圓熟。……而這份酒的美德，唯有隨時間成熟才能達到。……即便如此，其中的道理至今依然無人能解」。「美德」這個用詞，精準形容了威士忌魅力的本質。

不只威士忌，人類在品評食物的味道時，影響評價的因素就是「食感要素」。「食感要素」除了甜、酸、苦等與食物滋味有關的部分外，口感、舌觸感、咀嚼感等與食物物理性質相關的感受，也算在評價標準內。然而，像威士忌這樣的酒品，既不包含許多具有明確味道的成分，也不是像煎餅那種有咀嚼感的固形物，因此非常難以評價（但又確實很好喝！）。例如經常用來形容威士忌品質的「圓潤感」，就無法界定是屬於化學性的詞彙，還是物理性的詞彙。

某個研究調查了威士忌品質的形容用詞，共蒐集了107個詞彙。細看這些詞彙，會發現很多都難以將特定物質的量及物理性質明確數值化。例如形容香氣的「高雅」「豐富」「具個性的」等，或形容味道的「旨味」「尾韻」「滑順」等。製造威士忌的專家們已將這些詞彙整理，並替換成專家之間都能理解互通的官能評價用語，但有些威士忌的品質就是只能用這種抽象、籠統的方式表達，也是不爭的事實。威士忌的味道，確實就是「美德」之味。

從我所在的研究室，可以眺望雄偉的富士山。在晴空之下，早春的富士山披著白雪，格外美麗。望著這樣的富士山，我思考著威士忌美味的道理。再怎麼分析白雪的白，測量山的高度，都無法用來說明富士山的美。然而，白雪的白、富士山的高聳，卻又是構成這份美麗不可或缺的要素。威士忌的熟陳研究，也是相同道理。要徹底解釋威士忌美味的理由，應該非常困難。但將貯藏期間發生的各種現象一一解析，並思考這些現象與威士忌熟陳的關聯，仍會讓人對威士忌香味「美德」的奇妙誕生嘆服不已。

第2章 威士忌的世界群像

歷史孕育的「5種個性」

「5大威士忌」

拉開酒吧沉重的大門，走進店裡，面對一字排開的威士忌酒瓶牆，在吧檯落座的瞬間，總會忍不住緊張起來。掛上Bar字招牌的店家，一般好像都會陳列100多支、甚至超過500支的酒瓶。瞬間的緊張感，也許是因爲店內環境的靜謐整潔，或酒保彬彬有禮的態度，但最主要的原因，果然還是架上陳列的大量酒瓶吧！一支支酒瓶釋放出來的魄力，壓得我喘不過氣。每支威士忌都蘊含著寄宿其中的文化與傳統，以及製造者投注的心思，不由自主傳達到我心中。

近來，威士忌市場也大有變動。表2－1是2012年的威士忌市場（以量換算）的世界排名。第1名是偏好輕盈類波本威士忌（Bourbon Whiskey）的美國，遙遙領先日本將近3倍之多。前5名都是排行榜的常客，年成長率在1%至3%。另一方面，最近常聽到的印度、俄羅斯和中國市場也愈趨蓬勃，尤其是印度和俄羅斯的年成長率爲20～30％，這個趨勢一直持續到現在。

不僅如此，在全球的威士忌市場調查資料（Global Information, Inc.）中，也推測2016～2020年間，威士忌市場的年平均成長率會在5％以上。推測認爲，價格約在1000～5000日圓的愛爾蘭、美國及日本Premium威士忌愈來愈受歡迎，是促進市場成長的主因。5000日圓以上的Super Premium威士忌的成長也值得期待，而日本威士忌的人氣上揚，也在此扮演了重要角色。實際上，根據日本政府統計，2010的日本威士忌出口額爲17億日圓，2016年就達到108億日圓，是6年前的6.4倍，占據了日本酒類出口總額的25％左右。如前所述，2008年後，日本威士忌在本國市場也是一路走高，到2015年的8年內擴大了1.8倍。附帶一提，所謂Premium威士忌，指的是符合下列4個條件的威士忌：（1）以

1	美國
2	日本
3	英國
4	法國
5	澳洲
6	韓國
7	印度
8	中國
9	俄羅斯

表 2-1　全球 Premium 等級威士忌市場排名
（引用自 2012 年：The International Wine & Spirits Record）

穀物爲原料、（2）以穀物的酵素進行原料澱粉的糖化（分解）、（3）蒸餾酒汁、（4）將蒸餾液貯藏於橡木桶中。

除了Premium威士忌，全世界還有各式各樣的威士忌。例如印度威士忌、泰國的湄公河威士忌也都小有名氣，不過這類型酒品，屬於在蒸餾酒中添加萃取物或香草的產物。據說如果把印度威士忌也加進來計算，印度就能奪下威士忌市場排名的冠軍。

本書內容雖然只涉及Premium威士忌，但經濟發展中國家的威士忌市場持續成長，表示威士忌及其文化受到愈來愈多人接納，無疑是令人欣喜的。

不過，雖說是威士忌文化，但全世界製造威士忌的地區意外地少。若以生產地區畫分，威士忌其實只有5種而已。

這5個種類，分別是以蘇格蘭及其周邊島嶼爲生產中心的「蘇格蘭威士忌」、愛爾蘭島的「愛爾蘭威士忌」、北美的「美國威士忌」和「加拿大威士忌」，以及「日本威士忌」。世界95%的威士忌產量都來自這些地區。若是酒吧酒架上的威士忌，恐怕幾乎百分之百都被這些地區的產品占據了。這5種威士忌，也稱爲「5大威士忌」。

最初知道時我也很驚訝，製造威士忌的地區居然這麼有限。仔細想想，滿足威士忌製造條件的地區，或許眞的意外地少。既不會太炎熱，也不會太寒冷，但又有足夠

表 2-2　世界 5 大威士忌

威士忌種類		蘇格蘭威士忌		愛爾蘭威士忌		美國威士忌	加拿大威士忌		日本威士忌	
		麥芽威士忌	穀物威士忌	純威士忌	穀物威士忌	波本威士忌	調味威士忌	基底威士忌	麥芽威士忌	穀物威士忌
地域		蘇格蘭		愛爾蘭島		美國	加拿大		日本	
原料	主	大麥芽	玉米	大麥芽	玉米	玉米	裸麥	玉米	大麥芽	玉米
	副	（泥煤）	大麥芽	大麥 裸麥	大麥芽	大麥芽 裸麥	大麥芽 玉米		（泥煤）	大麥芽
蒸餾		壺式 2 次	連續式	壺式 3 次	連續式	連續式	連續式		壺式 2 次	連續式
貯藏		新桶、舊桶 雪莉桶		舊桶		內側燒烤過的新桶	舊桶		新桶、舊桶 雪莉桶	
代表商品（調和威士忌）		百齡罈 老帕爾		Tullamore Dew		I.W Harper 傑克丹尼爾	加拿大會所		響 角瓶	

的冷暖溫差，還要溼度適宜、空氣澄澈、水質甘美，確實找遍全世界也所剩不多。除此之外，還必須擁有願意花費數年、有時甚至數十年守護威士忌成長的人才，這比什麼都重要。

將大麥芽或玉米等穀類發酵後的酒汁進行蒸餾，再將產生的原酒置於木桶中，長時間貯藏陳放——這是5大威士忌共通的基本製法。但每種威士忌都有各自的著重點，在基本的架構下，細節的製作方法有相當多差異，也造就了各類威士忌獨有的特色（表2－2）。以下就用幾個代表性的品牌，來介紹這5大類威士忌。

自傳統中誕生的多樣性——蘇格蘭威士忌

在熟陳威士忌誕生之地．英國大不列顛島北部的蘇格蘭地方製造的威士忌，就是蘇格蘭威士忌（圖2－1）。依製造方法不同，分爲僅以大麥芽爲原料、用壺式蒸餾器蒸餾2次後貯藏的麥芽威士忌，以及以玉米爲主原料、用連續式蒸餾機蒸餾後貯藏的穀物威士忌，還有混和兩者的調和威士忌。

知名的麥芽威士忌酒廠，分布在蘇格蘭北部的高地區、斯佩河流域的斯佩塞地區（Speyside）、高地區西南部的坎貝爾鎮（Campbeltown）、高地周邊的島嶼（海島區）、艾雷島（Islay），以及蘇格蘭南部的低地區（Lowlands）。每間酒廠都有自己獨特的堅持，很有意思。

舉例來說，位於高地區一角的斯佩塞地區，集中了超過50間的酒廠，「格蘭利威（The Glenlivet）」就是其中之一。格蘭利威在凱爾特語中有「寧靜之谷」的意思，而在斯佩塞地區之外，也不乏有冠上「Glen（谷）」字首的酒廠。在格蘭利威酒廠於1824年創立的前一年，英格蘭政府爲了解決私釀問題，大幅修改了酒稅法，不再進行嚴苛的高額徵稅。當時的英王喬治4世品嘗到格蘭利威的美味，讓格蘭利威成爲「政

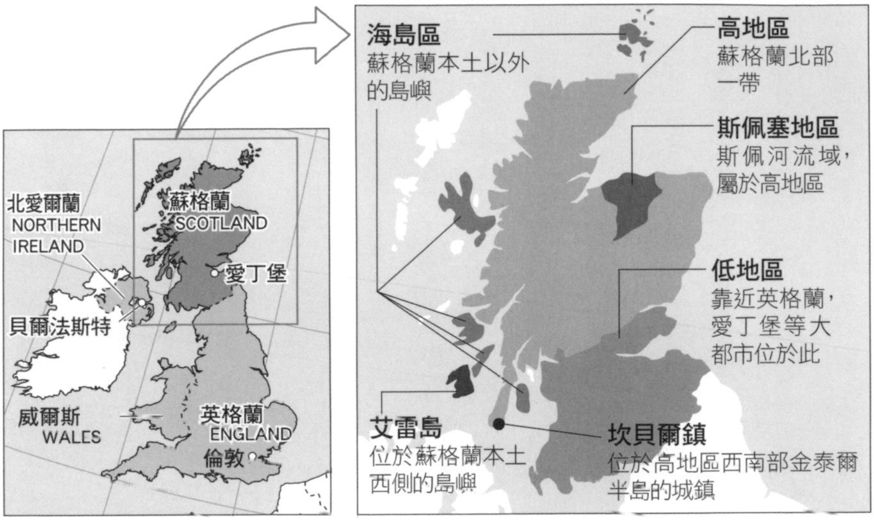

圖 2-1　蘇格蘭威士忌的產地

府公認第一號」的威士忌。結果其他周邊的酒廠爭相模仿，市場上出現大量打著「Glenlivet」名號的仿冒品。爲了避免混淆，最後決定在「Glenlivet」前面，只有眞正的格蘭利威可以加上冠詞「The」，而其他品牌只能使用其他代表自家特色的冠詞。這是一段發生在「寧靜之谷」的激烈鬥爭。另外，斯佩塞地區還有一間號稱麥芽威士忌銷售冠軍的「格蘭菲迪（Glenfiddich）」酒廠，在凱爾特語中表示「鹿之河谷」。其特徵是中央畫有一隻鹿的酒標（圖2－2），以及三角形的瓶身。「麥卡倫（The Macallan）」酒廠則被稱爲「單一麥芽中的勞斯萊斯」，使用斯佩塞最小的蒸餾器，只用雪莉桶陳放單

圖 2-2　格蘭菲迪的酒標

圖 2-3　斯卡帕的酒標

一麥芽威士忌。除此之外，斯佩塞地區還有許多各具特色的酒廠。

在斯佩塞地區之外，大約有近30間的酒廠散布在高地各處。北高地的「格蘭傑（Glenmorangie）」酒廠使用蘇格蘭最高的蒸餾器，且只用波本桶陳放單一麥芽威士忌。高低區中央，則有全高地最迷你的酒廠「艾德多爾（Edradour）」。

坎貝爾鎮，是高地西南部半島上的臨海城鎮。過去曾擁有超過30間酒廠，向美國大量輸出威士忌，但由於美國禁酒令（1920～1933年）的影響，如今只剩3間酒廠。「雲頂（Springbank）」即坐落於此，多年來盛名不墜。

高地周邊的島嶼（海島區）中，奧克尼群島（Orkney Islands）的主島（Mainland）上有2間酒廠。其中一間名爲「高原騎士（Highland Park）」，特色是使用開採自島內特定地點的泥煤（Peat），在酒廠中燻乾麥芽，創造出帶有煙燻風味的威士忌；另一間是「斯卡帕（Scapa）」，每次見到酒標上背丘陵而坐的斯卡帕酒廠圖樣（圖2－3），都不禁想親自造訪這個風光明媚的島嶼，不知是否只有我會這樣想？斯卡帕的麥芽威士忌有著微弱的泥煤香，口感清爽。若要說到個性強烈的威士忌，就不能不提及鄰近蘇格蘭本土西側島嶼群南部的艾雷島。在這個與淡路島（註）大小相仿的島上，設有8間酒廠。據說擊退維京海盜的士兵就來自艾雷島，因此，這裡的麥芽威士忌也符合粗曠男性的喜好，具有強勁的煙燻泥煤香，尤以南岸一帶酒廠的煙燻味特別重。「雅柏（Ardbeg）」酒廠最具代表性，但「樂加維林（Lagavulin）」和「拉弗格（Laphroaig）」也不會輸。艾雷島最古老的酒廠「波摩（Bowmore，圖2－4）」在散發煙燻味的同時，又隱約帶有華美的花香。無論哪一種，都是個性鮮明、令人一飲難忘的酒。

蘇格蘭南部的低地區有3間酒廠，皆生產風味較均衡、相對溫和的麥芽威士忌。在談論蘇格蘭威士忌時，不能不提調和威士忌。而穀物威士忌工廠和調和業者，大多都聚集在低地區。以低地為中心生產的調和威士忌，通常由15～50種麥芽及穀物威士忌調和而成。在累積豐富經驗與知識的調酒師傾注全力下，最終成品的完成度更要超越麥芽威

圖 2-4
波摩

譯註：淡路島位於日本瀨戶內海，面積為592.85平方公里。艾雷島面積為619.56平方公里，約為半個桃園市大。

圖 2-5　百齡罈的酒標

圖 2-6　貼在老帕爾酒瓶上的肖像

士忌。實際上，調和威士忌的飲用量也遠遠超過麥芽威士忌，市場上的品牌可謂不計其數。

若說單一麥芽威士忌是依賴風土而生，那麼調和威士忌就是靠人手創造。或許因爲如此，單一麥芽威士忌多以土地爲名，而調和威士忌則多以人爲名。全球有許多知名的調和威士忌品牌，其中以創業者爲名的代表就是「百齡罈（Ballantine's）」。百齡罈酒標上的紋章，包含了大麥、清澈的河流、蒸餾釜及熟陳桶4個製造威士忌不可或缺的原料與設備，饒富趣味（圖2－5）。另一方面，「老帕爾（Old Parr）」的品牌名，則是來自擁有153歲長壽紀錄的湯瑪斯．帕爾（Thomas Parr）爺爺，酒瓶背面就貼了一張由畫家魯本斯繪製的帕爾爺爺肖像畫（圖2－6）。這些都是跨越百年至今依然受到歡迎、歷史悠久的品牌。

爽快輕盈——愛爾蘭威士忌

與蘇格蘭相同，愛爾蘭威士忌也擁有悠久的歷史，產地包括愛爾蘭共和國，以及愛爾蘭島北部、隸屬於英國的北愛爾蘭。愛爾蘭威士忌一般會使用壺式蒸餾器蒸餾3次，原料除了大麥芽外，也會使用其他穀物。烘乾大麥芽時，並不使用會造成煙燻味的泥煤。因此整體來說，質感比蘇格蘭威士忌輕盈。

19世紀中葉，由於愛爾蘭島爆發馬鈴薯饑荒，許多人往美洲大陸和澳洲尋求新天地，使得進口美國市場的愛爾蘭威士忌達到巔峰期。第35任美國總統約翰．甘迺迪的父親老約瑟夫．甘迺迪，也是來自愛爾蘭的移民，並靠著引進愛爾蘭威士忌而累積大量財富，衆人皆知。

然而到了1920年，在美國實施禁酒令的影響下，愛爾蘭威士忌的進口量一落千丈，嚴重打擊愛爾蘭的釀酒業者。這個「惡法」反而造成美國私釀酒的猖獗，助長了以艾爾．卡彭（Al Capone）爲首的知名黑幫犯罪。於是，政府終於在1933年廢除禁酒令，但衆多倒閉的愛爾蘭酒廠等不到這天，高峰期的2000間酒廠，到了1960年代只剩下5間而已。其後又進一步整合，21世紀後，愛爾蘭就只有4間酒廠了。

圖 2-7　波希米爾

老牌的知名酒廠「波希米爾（Bushmills）」就是其中之一（圖2－7），生產的威士忌飄著淡淡煙燻味，口感清爽。波希米爾自稱「世界最古老的酒廠」，酒標上印有於1608年獲得蒸餾許可證的字樣。另外，還有愛爾蘭島南部的Midleton酒廠，生產的威士忌名爲「Tullamore Dew」。Tullamore是愛爾蘭共和國首都都柏林西南方的小鎮，Tullamore Dew的意思是「Tullamore的露珠」。於1829年開始生產，酒標上印有「傳說中的愛爾蘭輕威士忌」字樣，現在仍有許多愛好者。此外，還有近年新出現、意圖振興愛爾蘭威士忌的Cooley酒廠和Kilbeggan等。

新桶的木頭香氣獨具特色——美國威士忌

在美國製造的威士忌，就稱爲美國威士忌。製作方法由蘇格蘭及愛爾蘭移民流傳下來，但由於酒稅法不同等原因，現在已和蘇格蘭及愛爾蘭威士忌有相當大的差距了。

美國的穀物種類豐富，包括玉米、大麥、小麥或裸麥（黑麥）等，都可以當做威士忌的原料。玉米占51％以上是波本威士忌，80％以上就是玉米威士忌（Corn Whiskey），而裸麥占51％以上是裸麥威士忌（Rye Whiskey），小麥占51％以上是小麥威士忌（Wheat Whiskey），以上這些統稱純威士忌（Straight Whiskey）。包含20％以上的各類純威士忌，再與其他蒸餾酒混合，就可稱爲調和威士忌。除了使用的原料外，木桶的條件和酒精濃度等也都各有規定。

不過說到生產量，純威士忌約占了整體的一半，大部分是波本威士忌，其中又有8成生產於肯塔基州。這些波本威士忌以玉米爲主原料，大麥芽及裸麥等爲副原料，將發酵後的酒汁以連續式蒸餾機蒸餾而成（表２－２）。採用連續式蒸餾器可以提升精餾程度，與壺式蒸餾器（單式蒸餾器）相比，雖然效率較高，但多少會喪失原料本身的個性。根據法律規定，貯藏時必須使用容量小（１８０Ｌ）、以全新白橡木製成的木桶（稱爲新桶）。由於全新木桶表現出的個性過於強烈，木桶內側必須用火充分燒烤過才行。另外，波本威士忌的陳年數多半也比較短，但酒液的褐色比其他威士忌深，並帶有焦味。１７９５年創立的「金賓（Jim

圖2-8　Early Times的酒標

圖2-9　傑克丹尼爾

Beam）」，多年來都以美國最多人飲用的波本威士忌聞名。代表拓荒時代的「Early Times」，以樸素的酒標和經典的波本威士忌口味受到歡迎。附帶一提，威士忌有2種英文拼音，「whisky」用於蘇格蘭、加拿大及日本威士忌，「whiskey」則主要用於愛爾蘭及美國威士忌。「Early Times」是少數在酒標上採「whisky」拼法的波本威士忌（圖2－8）。除了上述的金賓之外，還有許多大名鼎鼎的品牌，如擅長製作單桶威士忌的「巴頓（Blanton's）」，以4朵玫瑰花爲商標、優雅而受到女性歡迎的「四朵玫瑰（Four Roses）」，以存在感十足的香氣受到追捧的「野火雞（Wild Turkey）」，還有史上首次將波本威士忌裝瓶販售、至今依然健在的「歐佛斯特（Old Forester）」。

「傑克丹尼爾（Jack Daniel's）」是產自田納西州的知名美國威士忌。南北戰爭後美國正式統一，傑克丹尼爾身爲戰後第一號登錄的酒廠，擁有深厚的歷史根基。雖然一度在1920至1933年的禁酒令期間暫停生產，但方形酒瓶與黑色酒標的組合，自1912年起就未曾改變（圖2－9）。田納西州生產的威士忌，其原料和製造方法都和波本威士忌相同，唯獨在貯藏前後，會將原酒用糖楓木炭處理過，這種獨特的製法名爲糖楓木炭過濾法（Charcoal Mellowing）。爲了凸顯這個特色，產自田納西州的美國威士忌又可稱爲田納西威士忌。俄羅斯的蒸餾酒伏特加，同樣也會經過白樺木炭處理。的確，經過木炭處理後，酒的口感會變滑順，酒精的辛辣也會變得圓潤。但具體的科學原理，目前還不太清楚。

禁酒令的廢除和新酒稅法的實施，是現代美國威士忌的原點。在禁酒令廢除後通過認證的第一號酒廠，是I.W. Harper公司的伯漢（Bernheim）酒廠，其品牌「I.W. Harper」頗爲親民，在日本一直很受年輕人的歡迎。

禁酒法帶來快速成長——加拿大威士忌

加拿大威士忌誕生於１７６９年，比美國要遲了一些。當年的蘇格蘭人移民到美國後，想追求進一步的新天地，最後來到美洲大陸北方的加拿大，威士忌也隨之而至。當然，這些威士忌最初只是釀來自己喝的，不過也有許多流向美國市場，到了１８４０年代，當地已有超過２００間酒廠了。然而，這時期的威士忌其實是被稱爲

「one day whisky」的粗製品，蒸餾後1～2天就會出貨。而同年代的蘇格蘭威士忌，卻已經因爲私釀業者將威士忌存放於木桶中以逃避嚴苛的稅收，意外發現了熟陳威士忌的美好，甚至英王喬治4世也震驚於其美味。遺憾的是，對於彼岸的美國和加拿大來說，威士忌仍只是粗糙且未經熟陳的「男人的酒」。

圖 2-10 加拿大會所 20 年

進入20世紀後，美國政府的禁酒令也嚴重波及加拿大威士忌。禁酒令對無法再進口至美國的愛爾蘭威士忌造成毀滅性打擊，但與美國相鄰的加拿大卻因此得利。藉由黑市管道販售，加拿大威士忌反而迎來飛躍性的成長。最終結果是，在禁酒令實施時期，美國的威士忌消費量和實施前相同，且加拿大威士忌占了其中的3分之2。

現在的加拿大威士忌，是由調味威士忌（Flavoring Whisky）和基底威士忌（Base Whisky）調和而成。調味威士忌的主原料爲裸麥，副原料爲大麥或大麥芽，經過連續式蒸餾取得高濃度蒸餾液，加水調整濃度後，於木桶中貯藏。另一方面，基底威士忌則以玉米爲主原料，於舊桶中貯藏。此外，還可以加入一定量的非加拿大威士忌（麥芽威士忌、波本威士忌等）、雪莉酒或白蘭地等，這點也和其他威士忌有所不同。

現在，加拿大安大略湖附近約有10間威士忌酒廠，其中之一是海勒姆．沃克（Hiram Walker）創立的Walkerville酒廠。這裡生產的「加拿大會所（Canadian Club）」，是標榜以裸麥爲主原料的裸麥威士忌，爽快的香氣和柔軟的口感，在現在的加拿大威士忌中依然廣受歡迎（圖2－10）。另外，「皇冠（Crown Royal）」是加拿大代表性的Premium商品，在全球也擁有許多愛好者。

承襲蘇格蘭的製法——日本威士忌

日本威士忌初次登上世界舞台，是由1924年開業的三得利（Suntory）山崎蒸餾所拉開序幕，可說是相當遲來的登場。不過，由於當時他們引進並承襲了蘇格蘭的製造技術，因此雖然大器晚成，卻與正宗的威士忌擁有深刻淵源。不僅如此，另外4大威士忌或多或少都受過美國市場誕生與變化的影響，包括發現新大陸、美國建國、禁酒令實施與廢除等大風大浪，唯有日本處於無風帶，得以專心致志於釀製長時間熟陳的威士忌。這樣說來，或許也正是踏入威士忌製造領域的最好時機。關於日本威士忌的發展過程，請容筆者稍後再細說從頭。

日本的麥芽威士忌和蘇格蘭威士忌一樣，只採用大麥芽做爲原料，經過壺式蒸餾器蒸餾2次後貯藏。在麥芽威士忌中，山崎蒸餾所的「山崎」（圖2－11）、Nikka的純麥威士忌「竹鶴」（圖2－12）實力皆享譽全球。而調和威士忌中，也有在國際上評價很高的「響」（圖2－13），以及自1937年誕生以來即擁有高人氣的「角瓶」（圖2－14）等知名品牌。

前面已概略介紹了5大威士忌的特色製法和代表品牌，然而實際上，就算在同一個地方生產的威士忌，依第4章所述的泥煤使用方法、發酵條件、蒸餾條件、貯藏環

圖 2-11
山崎 12 年

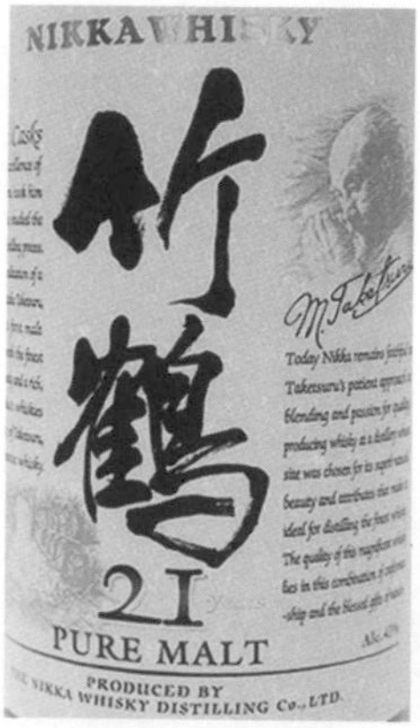

圖 2-12　竹鶴 21 年的酒標

圖 2-13
響 30 年

圖 2-14
角瓶

境和木桶使用方法等因素不同，每間酒廠甚至每個木桶都有個別差異，因此可以創造出非常多樣化的威士忌。

坐在酒吧的吧檯前，眼神瀏覽過架上排列的一支支酒，選出自己最有感覺的那一支威士忌，細細品嘗。雖然不見得每次都能選到心頭所好，也仍是一種奢侈的小樂趣。對著斯佩河沿岸的蘇格蘭威士忌，說聲「好久不見，最近還好嗎？」或是對著愛爾蘭威士忌，說「初次見面，請多指教。」若是日本威士忌，就說「哎，你好啊。看起來很有精神，眞是太好了。」一邊在心裡對威士忌說話，優哉游哉地享受酒香與流逝的時光，不知不覺間早已拋開緊張的心情，完全融入周遭的氛圍了。當我推開沉重的大門踏出酒吧時，架上五顏六色的酒瓶也會爲我送上告別的問候。

日本威士忌的優良評價

前幾年開始就經常聽聞日本威士忌在世界級的評鑑會上屢獲佳評。新聞不時會報導和食在全球廣受歡迎，日本的水果和蔬菜就算價格高昂依舊搶手，日本酒也受海外交易商的青睞。尤其最近外國觀光客蜂擁而至的程度，實在令我驚訝。而被稱爲「洋酒」的日本威士忌也有許多來自海外的收購，甚至連國內的存量都不足了。日本人超越和洋、「用心製造」的眞誠受到好評，著實令人高興。日本威士忌從15年前開始，就在國際競賽中擁有高度評價，這裡特別將2010年後的主要競賽成績列出來參考（表2－3）。

世界各地都有各種酒類競賽定期舉行，而由英國的威士忌雜誌《Whisky Magazine》的出版商Paragraph Publishing主辦的「World Whiskies Awards（WWA）」，從2007年開始年年舉辦，是唯一僅以威士忌爲對象的國際級競賽。除了評口味，也評設計，2017年吸引了550種來自世界各地的酒款報名參賽。

另一項重要競賽，則是由英國酒類出版社「William Read」主辦，每年在倫敦舉行的International Spirits Challenge（ISC）。第一屆舉辦於1996年，除了威士忌之外，還分爲白蘭地、蘭姆酒、白色烈酒（White Spirits）、利口酒等不同競賽項目。以威士忌來說，是由10名世界級的優秀調酒師，以盲飲方式進行評選。獎項分爲金牌、銀牌及銅牌3個等級，而於金牌中品質特別優秀的酒款，則再頒予最大獎（Trophy）。

日本威士忌大約從2004年開始在各大競賽嶄露頭角，最近的表現又格外耀眼。WWA競賽中，日本威士忌幾乎每年都可以奪下「World Best Blended Whisky」的

表 2-3　獲得主要國際競賽獎項的日本威士忌

競賽名	年次	獎項	受獎對象
WWA	2010	World Best Blended Whisky	響 21 年
		World Best Blended Malt Whisky	竹鶴 21 年
	2011	World Best Single Malt Whisky	山崎 1984
		World Best Blended Whisky	響 21 年
		World Best Blended Malt Whisky	竹鶴 21 年
	2012	World Best Single Malt Whisky	山崎 25 年
		World Best Blended Malt Whisky	竹鶴 17 年
	2013	World Best Blended Whisky	響 21 年
		World Best Blended Malt Whisky	Mars Maltage 3 Plus 25 28 年
	2014	World Best Blended Malt Whisky	竹鶴 17 年
	2015	World Best Blended Malt Whisky	竹鶴 17 年
	2016	World Best Blended Whisky	響 21 年
		World Best Grain Whisky	Single Grain Whisky AGED 25 YEARS SMALL BATCH
	2017	World Best Blended Whisky	響 21 年
		World Best Single Cask Single Malt	秩父威士忌祭
ISC	2010	Supreme Chanpion Spirit of the Year（全體最大獎）	山崎 1984
	2012	最大獎（Trophy）	白州 25 年、山崎 18 年
	2013	最大獎	響 21 年
	2014	最大獎	響 21 年
	2015	最大獎	響 21 年、Nikka From The Barrel
	2016	最大獎	響 21 年
	2017	Supreme Chanpion Spirit of the Year（全體最大獎）	響 21 年
		最大獎	Nikka Coffey Malt

WWA: World Whiskies Awards　ISC: International Spirits Challenge

榮譽。ＩＳＣ每年也都由日本威士忌奪下最大獎的殊榮，拿下金牌酒款也愈來愈多。

２００４年左右開始到２００９年，已經有不少拿下最大獎或金牌的酒款。調和威士忌的項目，有三得利的「響30年」「響21年」和「響17年」。麥芽威士忌則有三得利山崎蒸餾所的「山崎18年」「山崎12年」「山崎Vintage Malt 1983」和「山崎Sherry Wood 1986」；三得利白州蒸餾所的「白州25年」「白州18年」；Nikka的「竹鶴21年」「竹鶴12年」「Nikka Single Coffey Malt 12年」；Mercian輕井澤蒸餾所的「輕井澤17年」「輕井澤15年」等。雖然上述部分酒廠很遺憾地已經不再營業，但大多數依然持續活躍至今。而２０１０年後，又加入許多屢獲佳績的新酒款。例如山崎蒸餾所的「山崎１９８４」「山崎25年」「響12年」「山崎水楢桶（Mizunara）２０１２」「山崎Puncheon桶２０１２」「山崎水楢桶２０１３」；白州蒸餾所的「白州Heavily Peated」「白州Bourbon Barrel 2013」；余市蒸餾所的「From The Barrel」「竹鶴25年」「Single Malt余市」「The Nikka」；Nikka宮城峽蒸餾所的「宮城峽12年」；Kirin Distillery富士御殿場蒸餾所的「Single Grain Whisky AGED 25 YEARS SMALL BATCH」；本坊酒造Mars信州蒸餾所的「Mars Maltage 3 Plus 25 28年」；Venture Whisky秩父蒸餾所的「秩父威士忌祭」等。ＩＳＣ每年都會選出一間優秀的酒類製造商，頒予「年度最佳蒸餾酒廠（Distiller of the Year）」的榮耀，三得利在２０１０年、２０１２年、２０１３年和２０１４年獲獎，Nikka則在２０１５年獲獎。

在其他幾個世界級的競賽中，日本威士忌也屢創佳績。各項審查當然都確保了其中的公平性，因此日本威士忌可以長年保持優良評價，我認爲是相當值得驕傲的事。

２００４年成立的Venture Whisky秩父蒸餾所製造的「秩父威士忌祭」，在２０１７年獲選爲「World's Best Single Cask Single Malt」，也值得注意。日本擁有約20間蒸餾酒廠，已超過了愛爾蘭和加拿大。日本威士忌的品質和釀造技術，儼然已登上世界頂級之列，期許往後也能繼續精進磨練，守護這個得來不易的地位。

日本威士忌的誕生故事

那麼接著就來回顧，日本威士忌在獲得如此高評價之前的起源與歷史。

威士忌初次登上日本土地，是在１８５３年黑船來航時，由美國海軍准將培理（Matthew Perry）獻給江戶幕府。此後隨著橫濱、函館、神戶、長崎和新潟的開港，來日外國人口增加，也將威士忌做爲自用的娛樂飲品帶進日本。到了１８７１

年，橫濱科諾商會（J. Curnow & Co.）才開始進口以日本人爲販賣對象的威士忌，引進的酒款被稱爲「貓印威士忌」。當時，眞正的威士忌和葡萄酒等進口洋酒十分昂貴，屬於一般市民不可能奢望的高級品，不過，在1902年日英同盟締結後，蘇格蘭威士忌的進口量便急遽增加。另一方面，在酒裡加入香料和色素製成的混調威士忌，也做爲「廉價洋酒」在市場上掀起風潮。

看到潮流的趨勢，「三得利」的前身「壽屋」的創始者鳥井信治郎決心展開「由日本人自己在日本製造正宗威士忌」的產業。要生產威士忌，首先必須建造蒸餾所，因此，初期便需要大量金額的投資；加上威士忌必須歷經長時間熟陳，在眞正能獲利之前，還得耗費驚人的漫長時光。所幸鳥井已以「赤玉紅酒」打下堅強的財力基礎，才敢挑戰在日本製造正宗威士忌的夢想。

鳥井得知竹鶴政孝（後來「Nikka」的創辦人）曾在蘇格蘭學習威士忌釀造後，便在1923年邀請他參與製造正宗威士忌的計畫，竹鶴爽快答應了。翌年，日本最初的蒸餾酒廠在京都的山崎落成，竹鶴就任第一代廠長，開始投入製造威士忌。這間山崎蒸餾所最初使用的壺式蒸餾器（Alembic型單式蒸餾器），現在依然展示在酒廠的前院中（圖2－15）。

就這樣到了1929年，第一支正宗日本國產威士忌「三得利威士忌白札」正式發售。壽屋在1963年將公司名稱改爲三得利，但其實早在34年前，就已經有冠上三得利之名的產品上市了。發售當時的宣傳海報是這樣寫的：「醒醒吧人們！盲信舶來品的時代已經過去。人豈能不入醉鄉？我們有國產的至高美酒，三得利威士忌！」

這番宣傳標語，可見當時鳥井和竹鶴這對搭檔有多麼意氣昂揚。然而，這個最初的作品過度移植了蘇格蘭威士忌的技術，泥煤的焦味對日本人來說太過強烈，因此並不太受歡迎。此後，他們在承襲蘇格蘭傳統技法的同時，也費心研究適合日本的獨創威士忌。1934年，竹鶴按照最初與鳥井的合約，結束了在壽屋的工作，成立「大日本果汁株式會社（現在的Nikka威士忌株式會社）」，並於1940年推出第一號作品「Nikka威士忌」。

圖 2-15　日本最初的壺式蒸餾器
（三得利山崎蒸餾所）

「麒麟（Kirin）」的富士御殿場蒸餾所建造於1972年，第一號作品是「Robert Brown」。另外，Nikka也在1969年開設仙台工場宮城峽蒸餾所。1973年，三得利在山梨縣甲斐駒岳的山麓開設白州蒸餾所。本坊酒造則從1960年起就在山梨縣製造在地威士忌，隨著1985年Mars信州蒸餾所完工、2016年鹿兒島的Mars津貫蒸餾所完工，至今持續生產「Mars」系列的威士忌。位於明石的江井嶋酒造也於1984年竣工，專注於生產「白橡木威士忌」系列。2008年開始運作的Venture Whisky秩父蒸餾所，製造販售「Ichiro's Malt」的單一麥芽系列。包含上述製造商在內，目前約有15家製造商，在約20間酒廠中製作並販售威士忌。

雖然姍姍來遲，在第一間蒸餾酒廠設立的90多年後，如今的日本威士忌已是受到世界認可的存在。若要說日本威士忌的特色爲何，我認爲比起泥煤香及煙燻味強烈、風格粗曠的蘇格蘭威士忌，日本威士忌更具有柔潤的圓融感。這也是日本人纖細的感性、四季分明的變化，以及甘美水源的贈禮吧。每當我享受著日本威士忌的滋味時，都對先賢們的努力深深感激。

第3章 威士忌誕生之前

年輕武士如何培養成年的美德

麥芽威士忌的製程

要完成一瓶威士忌，需要經過漫長的歲月。這期間包含了各種步驟，蘊含大量的智慧及訣竅，還有些許不可思議的事件。首先，筆者會在本章概略介紹威士忌的製程，建立整體性的概念。從下一章開始，再針對每個步驟詳細說明。另外，若想進一步了解威士忌製造的各項步驟，推薦各位閱讀由長年引領威士忌製造業界的嶋谷幸雄先生，和國際知名的三得利前首席調酒師（現任名譽首席調酒師）與水精一先生合著的《日本威士忌 邁向世界第一之路》（集英社新書），本書亦不時借重其中內容，獲益良多。

圖3－1是蘇格蘭及日本威士忌的製作流程，分爲麥芽威士忌和穀物威士忌。事不宜遲，先來簡單介紹一下麥芽威士忌的製作步驟吧！

麥芽威士忌的原料，是已發芽、並經過烘乾的大麥種子。烘麥時可依需求使用泥

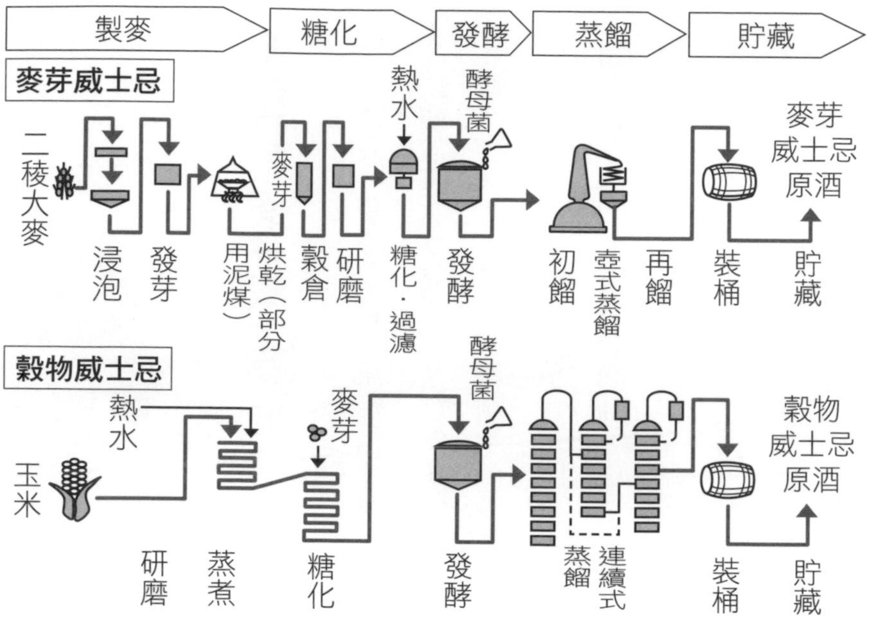

圖 3-1　威士忌的製作流程

煤，詳細於第4章說明。這個由發芽到烘乾的過程，稱爲「製麥工程」。

將烘乾後的麥芽磨碎，加入熱水使之保持在高溫狀態，在麥芽的分解酵素作用下，麥芽中的澱粉會分解、溶出糖類。濾去無法溶於水中的固體物質後，分離出上層的清澈液體，成爲飄著麥香、隱約混著泥煤香的甜麥汁。從麥芽到調製麥汁的過程，稱爲「糖化工程」。

在麥汁中投入酵母菌，置於與室溫相近的環境，酵母菌就會產生酒精。除此之外，也會產生各式各樣的香味成分，這個階段就是「發酵工程」。發酵後期，乳酸菌也會大量增加。糖化和發酵的過程雖然跟啤酒很像，但由於實際的細部條件差異很大，最後的發酵終液「酒汁（Wash）」也大不相同。這個差別是威士忌展現特色的重要關鍵，會在第5章及第6章詳細說明。

接著是「蒸餾工程」，也就是將酒汁送去蒸餾。蒸餾器使用銅製的Alembic型單式蒸餾器，即壺式蒸餾器。最初是由煉金術士發明，用來製作香料的。將酒汁放入蒸餾器，進行2次蒸餾。使用「銅製」的壺式蒸餾器是麥芽威士忌製成的一大特徵，如果不是銅製蒸餾器，就無法製成好喝的麥芽威士忌。其道理現在已有一定程度的了解，將在對應章節進一步解說。

蒸餾結束後，獲得的蒸餾液稱爲「新酒（New Pot）」。新酒依然保持酒汁的特徵，但香味較爲粗曠強烈，宛如初出茅廬、年輕氣盛的武士。

將新酒放進以橡木製作的酒桶中，進行長期的存放，稱爲「貯藏工程」。貯藏時間短則4～6年，一般爲7～10年，長則將近20年。這段期間內，新酒的香味會發生巨大的變化，粗曠的武士會轉變爲擁有美德修養的成年人，這個變化就是「熟陳」，完成後的熟陳威士忌，就是麥芽威士忌原酒。

穀物威士忌的製程

穀物威士忌的基本流程，和麥芽威士忌沒什麼太大差別。對美國和加拿大威士忌來說，這樣就可以直接裝瓶上市。不過蘇格蘭和日本的穀物威士忌，多半會再用來製作調和威士忌，因此決定製作方法時，會以較中性的品質爲目標。

首先，原料分成主原料和副原料。主原料爲玉米，副原料爲大麥芽，兩者比例通常爲5比1左右。

將原料分別碾碎後混合，加入熱水並同時注入高溫的筒狀管道。在流經管道途中，玉米的澱粉會被麥芽的分解酵素分解，生成的糖化液就從管道口接續流出。原料如流水生產線般連續送進管道，在高溫下接連糖化，這種方式就稱爲「連續蒸煮」。與1次只能在1個糖化槽內進行糖化作業的麥芽相比，連續蒸煮的設定溫度必須比麥芽的糖化溫度高，流經管道的蒸煮時間遠比麥芽的糖化時間短。連續蒸煮的效率比麥芽糖化高，但相對也比較難引出原料的獨特風味。

穀物和麥芽的發酵步驟差別不大，但使用的酵母菌不同。麥芽威士忌主要使用能賦予酒汁個性的酵母菌，穀物威士忌則會挑選能讓成品呈現中庸品質的酵母菌。

發酵後的酒汁會以連續式蒸餾機蒸餾。第1章提過，連續式蒸餾機又稱「科菲蒸餾機」或「專利蒸餾機」，第7章會詳細解說其構造。蒸餾揮發成分後獲得的蒸餾液，稱爲烈酒（Spirits）。將烈酒的乙醇濃度調整爲60%後，即可跟麥芽威士忌一樣裝桶貯藏，成爲穀物威士忌原酒。

高完成度的調和威士忌

依照貯藏環境或木桶的不同，即便是熟陳年數相同的同一批新酒，最後完成的威士忌原酒還是會有差異。如果想享受其中的差異，可以嘗試只用單一木桶熟陳的原酒製成的單桶威士忌（Single Cask）。純麥威士忌和單一麥芽威士忌，通常會混合數種麥芽原酒，消弭不同木桶之間的差異後，再加水調整濃度，放進木桶再貯藏一段時間，最後才裝瓶出貨。加水再貯藏的步驟，稱爲「後熟」，這是保持品質穩定的重要工程。此外，混合多種麥芽原酒的步驟稱爲「拌合（Vatting）」，將麥芽原酒和穀物原酒或水混合的步驟稱爲「調和（Blending）」。

調和威士忌，是將麥芽原酒和穀物原酒混合而成。一般來說，專業的調酒師會

圖 3-2　三得利的輿水精一首席調酒師
（現任名譽首席調酒師）

從100種以上的原酒中挑出20～30種，先將多種麥芽原酒和多種穀物原酒分別拌合，再混合麥芽原酒和穀物原酒，接著加水後再次貯藏，便成爲最終成品。爲了將個性強烈的麥芽與溫和中庸的穀物精確調和，掌握完成品的品質平衡，調酒師無不費盡心思（圖3－2）。因此，調和威士忌的品質完成度極高。另外在第1章也提過，酒標上的貯藏熟陳年數，必須以其中年數最短的原酒爲準，這是世界共通的嚴格規定。威士忌，也是眞誠的酒。

不是「催熟」而是「成熟」

就像粗魯的年輕武士轉變爲具備美德的成年人，發生在威士忌上的品質變化，就是「熟陳」。熟陳的程度取決於原酒貯藏的時間長短，因此貯藏年數對威士忌品質的影響非常大。

以單一麥芽威士忌爲例，通常最短也有10年，長則可達25年。市場上偶爾也會出現30年或50年之類的商品，因爲極爲稀有，往往會引起軒然大波。最近就有50年的山崎單一麥芽威士忌，在海外拍賣會上喊到1千萬日圓以上的價碼。考慮到50年的漫長歲月，確實就是如此貴重的珍品，這番天價也不是沒有道理。不過，大幅度的價格波動，應該也非酒商所願。無論如何，就算是最入門款的麥芽威士忌，想成爲商品擺在消費者面前，至少都需要10年時光。

威士忌在橡木桶貯藏期間慢慢熟陳，品質逐漸變化，形成所謂「圓潤」迷人的香味。製造威士忌的專家們，用「成熟」來形容貯藏中的威士忌品質逐漸提升的情形。不是由人「催熟」，而是酒自行「成熟」。從這個小地方，就足以窺見他們的謙虛。這份謙虛，或許是他們原本就具備的特質，但我認爲，主要還是長年製作威士忌的影響。若非謙虛之人，或許就無法成爲優秀的威士忌製作者。

「木桶中的威士忌，並不是由人出手介入讓它熟陳的。唯有安安靜靜地持續待在木桶裡，威士忌才會熟陳。」這樣的道理，是他們親身體悟出來的。他們所能做的，就是提供威士忌能好好成長的清淨環境，並以敏銳的感性確實掌握威士忌成長的狀況，如此而已。看似簡單，實際上極為困難。威士忌公司十分珍惜這些威士忌製造專家，給予相當優厚的待遇，在在說明了這個道理。

無限透明的時間

如前所述，在威士忌製程中，完成新酒所需的時間，遠遠比不上之後的貯藏工程需要耗費的悠長時光。新酒誕生前的步驟，是備齊威士忌成長所需「養分」的工程，威士忌將此「養分」做為糧食，經年累月逐漸成熟。作家開高健寫過一本叫《名為生物的靜物》的散文集，當我看到這個書名時，腦海中就會浮現理應身為「靜物」的威士忌，在漫長的時間裡堅毅成長的模樣。

歷來都有許多對威士忌「熟陳」過程充滿興趣的研究者，並對此進行了諸多研究，然而，目前仍多有未解之謎。為了解開這些謎題，我不禁思考起威士忌與「時間」的關係究竟是什麼。

人有「年齡」，樹有「樹齡」，兩者都用來表達時間的流逝，從那之中可以感受到人和樹木的「生活」。在日復一日的生活中，有些「時間」會被記憶下來。我認爲這些記憶的累積，就是「年齡」和「樹齡」。然而，每日的生活不會只是單純美好的事，同時也是爲了活下去而奮鬥的歷史。「年齡累積」和「刻劃年輪」的說法，貼切地表現了其中的細微之處。

不過對我而言，在木桶中經過長時間歲月後的威士忌，那明亮澄澈的琥珀色與圓潤的香味，「年齡累積」和「刻劃年輪」這樣的形容，無論怎麼想都不夠精準。雖然只是我個人的見解，但經過長期貯藏的威士忌具備的「熟陳」狀態，我認爲那並非「奮鬥的記憶」，而是將時間「昇華」後的證明。無論貯藏了多久，酒體逐漸圓潤的變化，並不是威士忌將時間刻入自身，而是將時間昇華了，不是嗎？若非如此，就無法臻於這般澄澈且無雜味的芳醇。

我們充滿喜怒哀樂的記憶，樹木歷經風霜刻進年輪的時間，威士忌都將它昇華了。木桶裡的時間，成爲了接近無限的透明。「熟陳」的狀態，就是在超過10年的透明時間中，一點一滴地形成。

那麼這段期間，威士忌究竟發生了什麼事呢？接下來就讓我們順著步驟，一一認識威士忌的各項工程吧。

第Ⅱ部 威士忌的少年時代

第4章

麥芽的科學

萃取營養與機能的人類智慧

原料為二稜大麥

接下來就以麥芽威士忌的製作爲主，詳細說明從原料到熟陳的過程。換言之，就是威士忌少年時代的故事，裡面應該有不少讀者們不知曉的用心，可說是人類爲了讓少年順利成長而凝聚的智慧結晶。首先就從本章開始，一窺原料大麥到大麥芽的製麥工程。

麥芽威士忌的原料「大麥」是世界最古老的古物之一，大約從1萬年前的西亞到中亞一帶（包含現在的伊拉克周邊）就開始栽種。大約3千年前的埃及法老圖坦卡門的陵墓中，也發現了做爲陪葬品的大麥。當時，人們應該已經會使用大麥製作麵包和啤酒了。

大麥是禾本科植物，依照麥穗的形態不同，可分爲「二稜種」「四稜種」和「六稜種」，其中可做爲麥芽威士忌原料的是「二稜種」。大麥兩側各有3聯花穗，呈現箭羽狀。以二稜大麥來說，3聯花穗裡只有中央的穗會結實，2粒種子相對排列，故得其名。

而以六稜大麥來說，兩側的3聯花穗全都會結實，是繼承古代大麥的品種。通常二稜大麥的種子較大，故別名「大粒大麥」；相對地，六稜大麥也稱爲「小粒大麥」。二稜種主要做爲釀造啤酒或威士忌等的原料，六稜種則爲食品用。

與其他植物種子相比，大麥種子的澱粉含量多，尤其二稜大麥的澱粉又更豐富。這些澱粉是準備用來讓種子成長的必要養分，就像人類家長爲了讓孩子自由成長，而預先儲備的資金。種子由種皮和糊粉層包裹，內部分爲包括胚芽和胚根的胚，以及貯藏養分的胚乳，中間由子葉盤分隔開來。胚乳的養分中，85％爲澱粉，10％爲蛋白質。

二稜大麥也有許多品種，若要做爲啤酒和威士忌的釀造原料，除了澱粉含量要多，分解澱粉的酵素活性（後述）也要強，蛋白質的含量則不可太多。

大麥種子裡的澱粉，會由「酵母菌」這種微生物轉變為酒精（發酵），但因為澱粉是由數千個葡萄糖結合的大分子醣類（圖4－1），酵母菌無法直接將澱粉攝入菌體內。當澱粉被分解成單醣的葡萄糖或雙醣的麥芽糖（圖4－2），才能讓酵母菌吸收並轉換為酒精。可惜，酵母菌本身不具備分解澱粉的能力。

幸好，這裡有個很棒的巧合。當大麥種子發芽時，就會自行產生可以分解澱粉的酵素。

大麥種子以澱粉做為能量來源，長出芽（胚芽）和根（胚根）。但種子雖然可以將葡萄糖和麥芽糖轉變為能量，還是無法直接利用大分子的澱粉，這是種子與酵母菌的相似處。不過，為了將澱粉做為能量來源，種子具備自行產生酵素（α-澱粉酶與β-澱粉酶）的能力，可以將澱粉的分子長鏈剪斷成為麥芽糖，這就是澱粉分解酵素。於是當種子發芽時，首先就會產生這種酵素，人類靈機一動，想到可以應用在酵母菌的酒精發酵上。

通常，大麥種子收成後，會存放在倉庫裡等待出貨。但如果這段期間內，種子為了發芽而消耗了澱粉，就失去利用價值了。因此，必須將種子裡的水分降低到12%以下，以乾燥狀態貯藏。乾燥狀態的種子會進入「休眠期」，休眠的種子就算貯藏超過1年，也無損品質。

將乾燥的種子從休眠中喚醒時，會讓種子吸收其重量的30%以上、最好是45～48%左右的水。首先必須將種子浸泡在熱水中，接著用15～20℃的水反覆浸泡、瀝乾，讓種子接觸適量的空氣通風。這個步驟的目的，主要是爲了提供種子用來呼吸的氧氣。字面上看起來簡單，但要給予大量種子同等的水分，讓種子們同時從休眠中醒來，需要極爲精密的調控，是相當困難的作業。

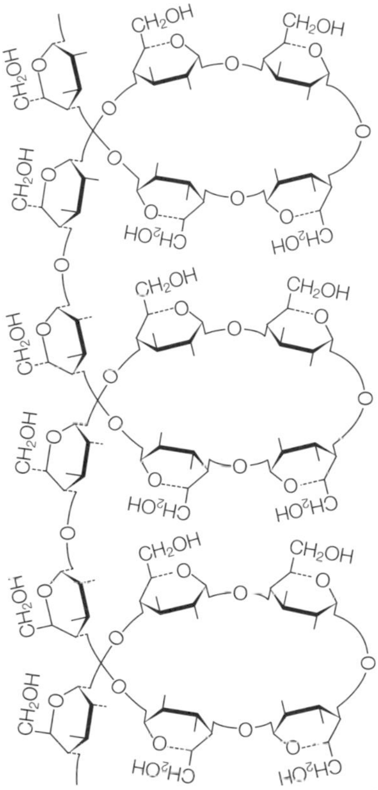

圖 4-1　澱粉的結構

爲了利用大麥的澱粉分解酵素，人類想到一個方法：當種子結束休眠時，以人工催出胚芽及胚根，迫使種子內部開始製作酵素。接著，在澱粉被消耗過度前，適時再度烘乾種子，阻止種子繼續發芽。如此一來，就成了只發出一點點小芽的乾燥種子，也就是大麥芽。

換言之，製造麥芽的工程（製麥工程）中，包括了以水浸泡大麥種子（浸泡）、讓種子發芽（發芽），以及將發芽的種子加熱乾燥（烘乾）3個步驟。

對種子來說，一下被泡水叫醒、一下又被烘乾休眠，大概覺得很煩。不過，大麥芽中同時含有許多澱粉和澱粉分解酵素，而比澱粉少的蛋白質和蛋白質分解酵素也同樣存在，可說是營養與機能的結晶。人類雖然聰明，但眞的很狡猾。大麥爲了後代儲存的「營養」，和爲了利用營養而準備的「機能」，全被人類硬生生搶走了。

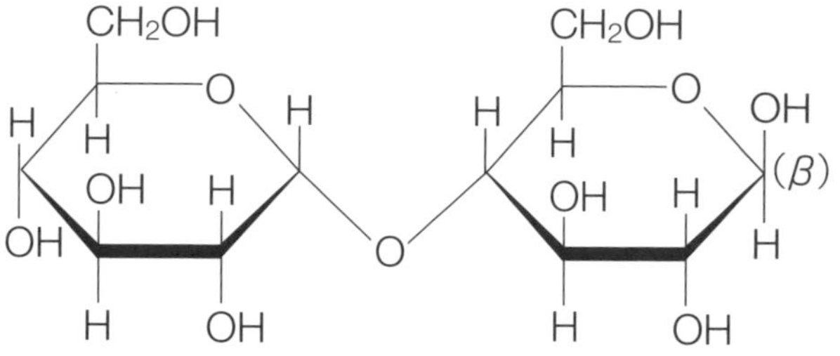

圖 4-2　麥芽糖的結構

而對威士忌的生產者來說，則希望能儘量避免同時擁有大量養分及分解酵素的種子發芽。爲了計算正確的時間點，實際進行發芽管理時，會用手指捏起種子搓揉，判斷種子是否夠軟了。

種子內部，澱粉以顆粒狀存在於胚乳中，胚乳外側有細胞壁包覆。細胞壁的結構緊密、難以分解，澱粉被層層包裹在細胞壁和胚乳中，澱粉分解酵素無法直接作用。因此，大麥種子也會自行產生細胞壁分解酵素。如此一來，就能溶解胚乳的細胞壁，分解澱粉也容易多了。專家將種子夾在指間感受軟硬度，就是在判斷細胞壁「溶解」多少了。以大麥種子來說，細胞壁溶解、澱粉分解酵素生成，終於開始要吸收營養、奮力成長時，就要將其烘乾，製成大麥芽。爲了奪取養分，人類也是絞盡了腦汁。

那麼，忘了向各位介紹，剛剛提到的大麥芽，就是所謂的「麥芽（malt）」。所以，只用大麥芽爲原料製造的威士忌，就是「麥芽威士忌（Malt Whisky）」。

泥煤香氣是麥芽威士忌的精髓

生產者需看準時機烘乾發芽的大麥種子，阻止種子繼續發芽。通常會讓水分含量降低到5％左右，重點是必須爭取時間，在種子溫度不至於過高的前提下乾燥。若非如此，麥芽中的酵素會失去活性，之後的糖化、發酵工程就無法順利進行。處理麥芽時的溫度管理自然不用說，通風速度的控制同樣非常重要。和喚醒種子時一樣，讓麥芽進入休眠也相當費心。烘乾通常分爲2階段。第1階段的溫度要保持在33～55℃，將麥芽含水量降至10%左右，除去麥芽表面附著的水分。第2階段則將溫度緩緩上升至70～78℃左右，讓含水量降到5%以下，除去麥芽內部的水及結合水。全部的烘乾時間需要24～60小時，是步驟繁複的工程。

烘乾種子時，有時會在造型獨特的塔狀「燻窯（Kiln）」中，用泥煤做爲燃料來燻乾。形狀特殊的煙囱讓人聯想到東方建築的寶塔屋頂，是威士忌蒸餾所的象徵（圖4－3）。

燻窯的1樓是大型燃燒爐，2樓是細網狀的鐵製篩板。將發芽的大麥種子平鋪在篩板上後，在燃燒爐放入泥煤或無煙煤做爲燃料，煙則從燻窯的煙囱送出去。但現代還使用燻窯烘乾種子的酒廠已經很稀有了，麥芽的處理多半會委託給專門的麥芽廠（maltster），而非在酒廠內進行。

用來當做燃料的泥煤，是土壤中未完全分解的植物遺骸經過堆積、部分炭化後形成。在氣溫較低的溼地，微生物的分解作用追不上植物遺骸的量，就會產生較多的泥煤。蘇格蘭土壤中的泥煤特別多，漫步在蘇格蘭北部的丘陵區，可以見到人們正在開採泥煤的景像。丘陵上有低矮的石楠叢生，而泥煤就是石楠的養分來源。形成泥煤的來源爲生長於北半球冷溫帶區的200多種植物，主要包括石楠、泥炭蘚、水草等，

圖 4-3　威士忌酒廠的燻窯

其中又以石楠死亡後的遺骸堆積爲最大宗。

以泥煤做爲燃料燃燒時，周圍會充滿「煙燻」的氣味。即使是乾燥狀態的泥煤，依然含有20～25%的水分，因此用燃燒泥煤的煙燻乾麥芽時，乾燥的麥芽表面會將煙的味道充分吸收進去，造成被煙燻過的氣味。以這樣的麥芽爲原料時，附著在上面的氣味也會一併轉移到威士忌裡。這種氣味就稱爲「煙燻味（Smoky flavor）」，有時也稱爲「泥煤味（Peaty）」，用以強調泥煤的特色。兩者在日文中都文雅地稱爲「燻香」，其獨特的氣味強弱，需要精密用心地調節。

一般來說，蘇格蘭威士忌的泥煤味比日本威士忌重。另外也有完全不使用泥煤的製品，例如加拿大威士忌。對蘇格蘭和日本威士忌來說，無論氣味強弱，煙燻味已然成爲威士忌的特徵之一。麥芽廠接到酒廠的委託後，會以各種方式調控泥煤味的強度，包括改變烘乾時的泥煤用量、調整泥煤燃燒的時間、燃燒泥煤產生煙霧、選擇泥煤產地等。麥芽的泥煤味強度通常分成3階段，以煙燻味的成分值（酚值）爲指標，重度煙燻（Heavy）含酚濃度爲30～50 ppm；中度煙燻（Medium）爲10 ppm；輕度煙燻（Light）則爲2.5 ppm以下。

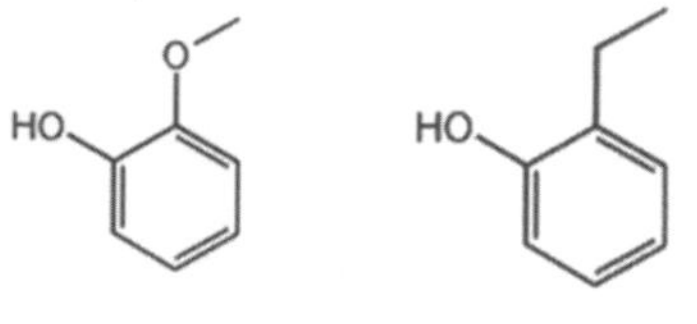

2- 乙基苯酚　　癒創木酚

圖 4-4　與泥煤味相關的主要酚類化合物

形成煙燻味的主要成分，是具揮發性的酚類化合物（圖4－4）。自然界的化合物中，許多都含有以6個碳原子和6個氫原子構成的環形結構（C_6H_6），這個環形結構稱爲苯環（結構式中的六角形部分就是苯環。在此省略碳原子〔C〕和氫原子〔H〕的標記，以下結構式的標記方式亦同）。酚類化合物，是將苯環中的氫原子取代爲羥基（-OH）的一類化合物。圖中的化合物皆是帶有一個羥基的酚類化合物，苯環上的另一個氫原子則由其他官能基取代。癒創木酚（Guaiacol）帶焦烤味，2－乙基苯酚（2-Ethylphenol）帶有焦油味，本身都稱不上是什麼好聞的味道，但只要在威士忌中混進微量的這類氣味，就能賦予威士忌獨特的個性。當然，這種味道有人愛也有人嫌，拓寬了威士忌的喜好廣度。一般來說，筆者覺得男性比較會喜歡這種味道，不過聽說最近喜歡煙燻味的女性也愈來愈多了。一邊享受煙燻的風味，一邊和威士忌對話，這樣的女性似乎很有魅力呢！

第5章 糖化的科學

下一步驟前的細膩準備

神奇的「釀造」

看完「製麥工程（處理麥芽）」，接著來到「糖化工程」。

糖化與下一個步驟「發酵」，通常合稱為「釀造」，釀造就是「以釀法製造」。從還不知道微生物存在的時代開始，人類就會用「釀造」製作各式各樣的食品和飲料，並驚嘆其不可思議的神奇力量。畢竟當時還不了解微生物的作用，眼睜睜看著大豆可以變成味噌或醬油，想必非常驚奇。

對威士忌這種蒸餾酒來說，釀造的變化同樣戲劇性。由麥芽製成的甜味糖化液，在酵母菌和乳酸菌的作用下，就能轉變成含有酒精等多種成分的「酒汁」。

以威士忌來說，糖化及發酵工程結束後，還必須經過許多步驟和時間，才能成為最終成品。目前雖然只能想像著遠方的威士忌，但在現階段的製作工程中，依然飽含各種用心的結晶。

和啤酒的差異

前一章提過的大麥芽，在適當的時機點烘乾後，就會移到穀倉中保管。將穀倉的大麥芽取出、磨碎並製成透明甜麥汁的步驟，稱爲「糖化」。打造威士忌骨架的重要工程是發酵和蒸餾，而糖化則是這些步驟的前置工程，麥汁的性質和組成，會大大影響發酵和蒸餾後的新酒品質。

由於酵母菌無法直接分解澱粉，人類便想到可以利用麥芽中的澱粉分解酵素（α-澱粉酶與β-澱粉酶），這點已在前一章說明。附帶一提，人類自己也具備澱粉分解酵素，米飯咀嚼久了會產生甜味，就是因爲唾液中的澱粉分解酵素，將米飯的澱粉轉變成帶甜味的糖分所致。

那麼，爲了讓麥芽裡的澱粉可以在發酵時爲酵母菌所用，必須先在糖化工程中，利用麥芽的澱粉分解酵素，將澱粉轉變爲麥芽糖等醣類。首先，將麥芽磨成較粗的顆粒，加入4倍量的熱水成爲懸浮液（溶液中的微粒了呈現分散狀態）。將懸浮液維持在60～65℃，利用澱粉分解酵素剪斷澱粉的分子長鏈，就可以生成屬於雙醣的麥芽糖。由於澱粉是大分子量的化合物，要先用α-澱粉酶大致剪斷分子長鏈，再用β-澱粉酶將短鏈以麥芽糖（2個葡萄糖）爲單位剪切。α-澱粉酶作用的適宜溫度是65～67℃，β-澱粉酶則是52～62℃，因此會將懸浮液調整在兩者皆能作用的溫度。

因酵素作用而分解的麥芽懸浮液，會從糖化槽的底部以自然過濾的方式濾出，經過冷卻機後進入發酵槽。爲了獲得足夠的分解成分，會再加入約80℃的熱水，重複一次相同的操作。但溫度太高會導致酵素喪失活性，因此溫度的控制非常重要。

上述作業就是「糖化」，獲得的糖化液稱爲「麥汁」（圖5－1）。麥汁裡大約有13％是以麥芽糖爲主的糖分。澱粉和澱粉分解酵素都由麥芽提供，眞的是感激不盡。

大麥芽裡也含有不少蛋白質，在麥芽本身的蛋白質分解酵素作用下，會變成胺基酸和由數個胺基酸組成的肽分子，並溶在麥汁中。蛋白質分解同樣會牽涉到多種酵素，但適宜活動的溫度都比糖化酵素低（50℃以下）。因此可以推測，蛋白質的分解主要應該是在製麥階段發生的。在發酵階段，胺基酸和肽分子會在酵母菌作用下，轉變爲比乙醇和乙酸分子鏈更長的酒精（雜醇油）和羧酸，再分別轉變爲不同的酯類。

圖 5-1　糖化中的糖化槽內部（上）和糖化完成的麥汁（右）

這些酯類是決定新酒個性的重要化合物，在一般的威士忌糖化過程中可以觀察到，酵母菌的活躍需要相當足量的胺基酸才行。

此外，麥汁裡也含有亞麻油酸等植物油脂、維生素與礦物質。這些都是發酵時讓酵母菌發揮作用不可或缺的物質，可見麥汁眞的富含各類營養成分。

製作時需要將麥芽糖化，這點威士忌和啤酒是共通的。不過啤酒在糖化工程的尾聲，會加入啤酒花這種攀緣植物的「毬果」並煮沸。啤酒花具有苦味和特殊香氣，同時也有抗菌活性。由於煮沸到將近１００℃，啤酒麥汁幾乎已是無菌狀態。相較之下，威士忌的糖化工程溫度只會到80℃左右，不會爲了殺菌將麥汁煮沸，也不添加啤酒花，因此，麥芽中的微生物和酵素得以存活，並在接下來的發酵中大展身手。以這個層面來說，威士忌或許是比啤酒更不拘小節的酒。

製作麥汁是「豐醇發酵」的前置作業

麥汁的製作，可不只是給酵母菌補充營養、生成乙醇這麼簡單，而是製造優良威士忌的「豐醇發酵」的前置作業。麥汁必須清澈，但又不能太過清澈，需要適當的濁度（圖5－1）。麥汁裡除了含有豐富的酵母菌養分，也會溶出穀皮中的單寧、少量苦味分子、花青素和多酚類化合物等。完成糖化的麥汁帶有營養豐富的野性香味，也有人稱之爲「麥之蜜」。再加上泥煤賦予的獨特煙燻味，做爲威士忌的製作材料，可說是再適合不過。在威士忌的製程中，用來進行「豐醇發酵」的材料，便是這桶可以變化出多元風味的麥汁。

穀皮是好用的過濾材料

麥芽中的穀皮，是屬於無法糖化的部分。將磨碎的麥芽和熱水全部投入糖化槽，靜置一陣子後，以穀皮爲主的固形物就會沉澱在糖化槽底部的過濾篩板上，形成厚約40～50 cm的穀皮層。完成糖化的麥汁經過穀皮層濾出，就會變得清澈，穀皮是過濾麥汁時相當好用的濾材。

磨碎的麥芽稱爲「碎麥芽（grist）」，碎麥芽的顆粒如果太細，會無法順利濾出麥汁，就算可以通過篩板，濾出的麥汁也不會清澈。如果濾出的麥汁太過混濁，這些混濁粒子會阻礙發酵，也就無法在發酵工程中獲得品質良好的酒汁。雖說如此，若碎麥芽的顆粒太粗，醣類的生成量就會變少。一般而言，篩板上的碎麥芽重量比爲細粉部分（稱爲「麵粉」）約占10％、粗細中等部分（稱爲「麥礫」）約占70％、粗顆粒部分（稱爲「麥殼」）約占20％，才是適當比例。清濁度適宜的麥汁，會在經過冷卻機後流進發酵槽，準備進行下一階段的「豐醇發酵」。

由此可見，爲了接下來的發酵工程能順利進行，必須在糖化工程中付出努力，悉心留意麥芽的研磨度（研磨的粗細程度）和終止糖化的時機，才能獲得品質良好的麥汁。

第6章

發酵的科學
微生物們的饗宴備

發酵的3種形式

完成糖化、獲得含糖量約13％的麥汁後，終於要進入發酵工程了。

將酵母菌投入麥汁後，酵母菌會以麥汁做爲養分，讓麥芽糖產生乙醇，這個過程就稱爲「發酵」。發酵結束時，可以獲得乙醇含量6～7％的酒汁。雖然理論上可以獲得8％以上的乙醇，但一部分的糖分會用來增殖酵母菌，一部分會被乳酸菌利用（後述），因此無法達到理論的乙醇濃度。

從美索不達米亞時代開始，人們就將酵母菌這種微生物活用於製造麵包、啤酒和葡萄酒（圖6－1）。自然界中，酵母菌存在於花苞內，以花蜜爲食。生物可分爲將DNA存放在細胞「核」裡的「眞核生物」，以及不具細胞核、DNA存放在細胞質裡的「原核生物」。而酵母菌和我們人類一樣，屬於眞核生物；另一方面，細菌一類的微生物則屬於原核生物。從細胞構造的觀點一覽地球上的生物，就能看出進化的過程。和乳酸菌相比，酵母菌和我們人類的關係更近。進行酒類發酵時，使用的通常是一種叫「啤酒酵母菌（Saccharomyces cerevisiae）」的酵母菌。

威士忌釀造和啤酒不同，只需要在開始發酵時調整好麥汁的溫度（18～20℃），以便讓發酵的最高溫維持在32～33℃即可，發酵途中通常不會再調整溫度。最適合釀造威士忌的酵母菌增殖的溫度是27℃左右，但在發酵中調整溫度會減弱酒汁的香氣，因此無需調控溫度、順其自然比較好。從這個小細節中，也可以窺見威士忌製作的趣味。

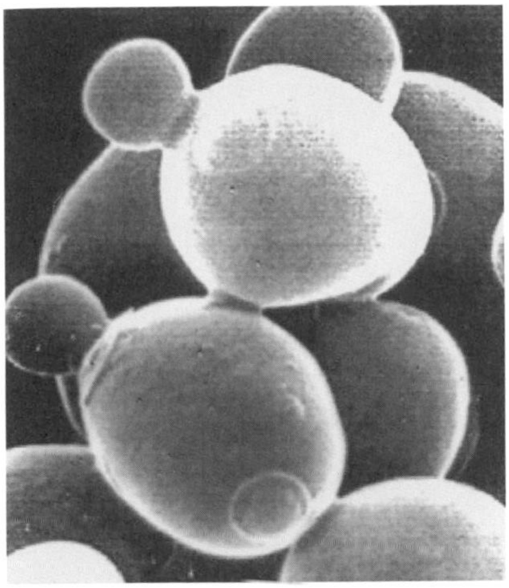

圖6-1　用於釀造的酵母菌

除此之外，最初投入麥汁的酵母菌數量，也遠遠多於啤酒。因此，釀造啤酒需要10天以上的發酵期，但釀造威士忌的酵母菌只要1～2天即可生成酒精，並步向衰老、死亡。

根據酵母菌和原料的關係，可以將酵母菌的酒精發酵分成3種發酵形式（表6－1）。

第1種是「單發酵」。指的是原料中的糖分可以被酵母菌直接攝取，因此一開始就能投

表 6-1　常見酒類的糖化與發酵形式

酒的種類	主原料	原料處理	糖化	發酵	發酵形式
葡萄酒	葡萄	直接將整串葡萄壓碎	不需糖化	用酵母菌發酵果汁	單發酵
啤酒 威士忌	發芽的 大麥種子	磨碎後加熱水成為懸浮液	用麥芽的酵素進行糖化	將糖化液輸入發酵槽，用酵母菌發酵	單行複發酵
清酒	米	加水蒸煮	用麴菌的酵素進行糖化	用和麴菌共存的酵母菌發酵	並行複發酵

入酵母菌的發酵形式，葡萄酒釀造屬於此類。酵母菌會攝取葡萄汁裡的果糖，將之轉變爲乙醇。

第2種是「單行複發酵」。指的是需要先將原料中的澱粉轉變爲可被酵母菌攝取的糖分，再將酵母菌投入糖化液的發酵形式，啤酒和威士忌釀造屬於此類。酵母會攝取麥芽糖化液裡的麥芽糖，並生成酒汁。

第3種是「並行複發酵」。指的是黴菌會將原料中的澱粉轉變爲糖分，而與黴菌共存的酵母菌，則攝取這些糖分並生成乙醇的發酵形式，清酒釀造屬於此類。麴菌（黴菌的一種）具有澱粉分解酵素，可以將稻米中的澱粉轉變爲葡萄糖，共存的酵母菌便能不斷攝取這些葡萄糖，將之轉變爲乙醇。微生物彼此合作發酵，是很有趣的發酵形式。

巴斯德與酵母菌

酵母菌是一種堅韌的微生物，在有氧或無氧環境都能存活。在有氧環境中，酵母菌會將糖分轉變爲二氧化碳和水，產生許多能量。再用這些能量生產必須物質、捨去多餘廢棄物，就能迅速增殖、大量繁衍。而在無氧環境中，酵母菌會將糖分轉變爲乙醇，但產生的能量非常少，只有在有氧環境下的19分之1左右，因此繁殖並不旺盛。

氧氣的有無會影響酵母菌的糖代謝狀況，發現這個現象的是法國知名化學家路易·巴斯德（Louis Pasteur，1822～1895）（圖6－2），因此，這種現象便被稱爲「巴斯德效應」（圖6－3）。他將酵母菌在有氧狀態下迅速繁殖的現象稱爲「呼吸」，而在無氧狀態下產生乙醇等物質的現象稱爲「發酵」。

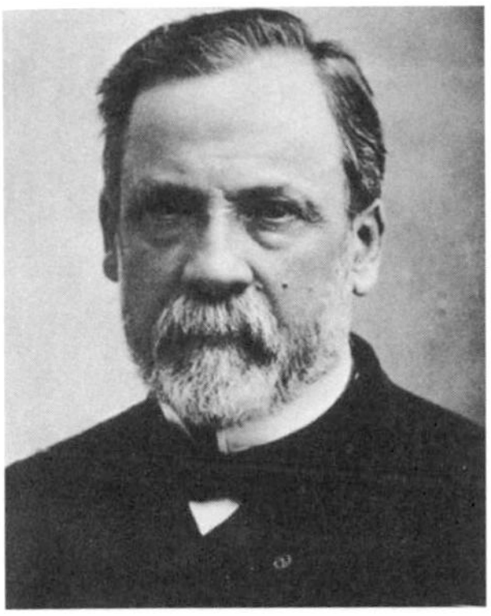

圖 6-2　路易 · 巴斯德

巴斯德除了在釀造領域研究了葡萄酒和啤酒的發酵與腐敗，也留下其他豐碩的貢獻，例如研究酒石酸的旋光性、發現乳酸菌和酪酸菌、開發狂犬病疫苗等。在巴斯德進行過的知名實驗中，包括一項「鵝頸瓶實驗」，這項實驗與主張微生物的產生來

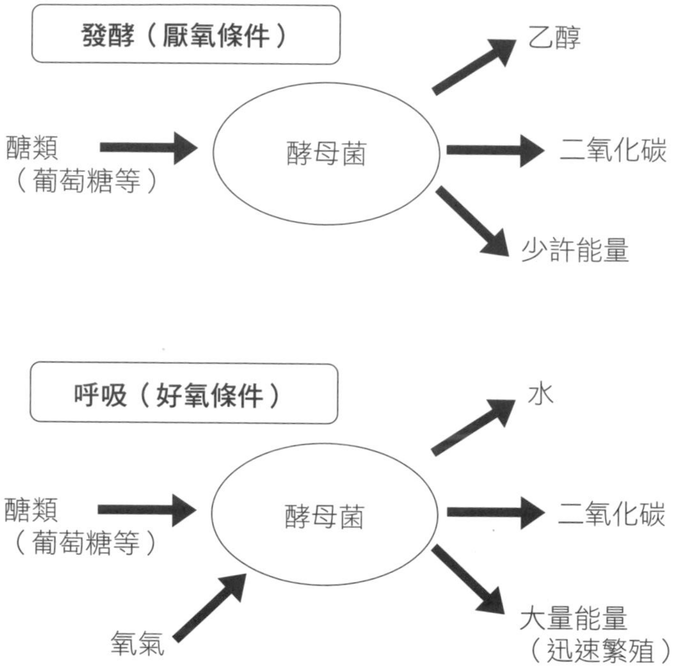

圖 6-3　巴斯德效應

自「自然發生」，以及主張「微生物也和人類一樣有生命來源」兩種學說的長期爭論有關，但就不在此細說。巴斯德經由實驗完全否定了自然發生論，開啓了科學界對微生物的研究。不僅如此，巴斯德更在巴黎第一大學發表一場鏗鏘有力的演說，宣示土壤微生物對於「天地萬物的總體調和」有著無可限量的巨大影響。「天地萬物的總體調和」，就是包含大氣圈在內的物質循環。如今，造成地球暖化的溫室氣體變化與微生物的關係，儼然已是科學界的最新課題，巴斯德當年不僅揭曉了微生物在釀造時的作用，甚至早已指出微生物在物質循環裡的重要性。巴斯德，是一位兼具科學性思維深度與視野廣度的科學家。

其後，對「巴斯德效應」產生興趣的德國化學家愛德華．布希納（Eduard Buchner，1860～1917），在無氧的狀態下，將原本是活的酵母細胞壓碎後，投入糖中。最後，果然如他預期，同樣生成了乙醇。他由此發現，將糖轉變爲乙醇的並不是酵母菌，而是酵母菌裡所含的酵素群。於是科學家開始好奇，糖究竟是經過哪些過程才變成乙醇的？

在無氧狀態時，酵母菌是在哪種酵素的作用下將糖變成乙醇？而在有氧狀態，又是如何將糖變成二氧化碳與水？科學家最後終於解開其中謎團，知曉了名爲「代謝」的機制。巴斯德的發現，最終催生了「生物化學」這門學科，現在我們只要知道原料的糖量，就可以精準預測乙醇的生成量。

由糖到乙醇的轉變過程，包括名爲「糖解作用」的代謝作用在內，一共會經過12個化學反應步驟。每一項反應，都和酵素有關。人體內也有糖解作用的酵素群，但沒有任何一種酵素和生成乙醇相關。如果我們有這種酵素的話，恐怕一年到頭都要醉醺醺了吧。

威士忌酵母與艾爾酵母

關於威士忌的發酵，過去以來一直是採用2種酵母菌同時作用的「混合發酵」法。酵母菌有諸多菌種，而用於混合發酵的菌種，是由可以快速產生酒精、被稱為「威士忌酵母（Distiller's yeast）」菌群，和用於釀造英國歷史悠久的艾爾啤酒的「艾爾酵母」菌群所組成。

和各自單獨發酵相比，用這2種酵母菌進行混合發酵，製成的威士忌香氣更加複雜、味道更厚實、酒體感覺更有分量。那麼，在整個發酵作用中，2種酵母菌之間究竟會產生什麼關係呢？

從近年的研究得知，如果讓2種酵母菌分別單獨發酵，當發酵即將結束、酵母菌可以從酒汁攝取的養分枯竭後，威士忌酵母雖然還能再生存約36小時，但艾爾酵母卻會立即死亡。然而，當兩者共存時，艾爾酵母的生存期會延長，威士忌酵母的生存期則會縮短。當發酵完成、酒汁裡的養分枯竭後依然可以生存的酵母菌，稱為「成熟酵母」。當艾爾酵母與威士忌酵母共存時，艾爾酵母的生存時間就會延長，成為成熟酵母。研究者取來剛完成酒精發酵的新鮮艾爾酵母，以及成熟的艾爾酵母，將兩者分別與威士忌酵母進行混合發酵，並比較兩邊生成的新酒（剛蒸餾成的威士忌），發現使用成熟酵母的新酒香味較複雜，味道也較厚實。成為成熟酵母後，細胞會將維持生命必須的養分儲存在液胞中，因此，即便培養基的養分已枯竭，也能利用液胞內的養分繼續存活。在發酵結束後，威士忌酵母與艾爾酵母以成熟酵母的形式共存，對於提升新酒的風味是非常重要的。

如上述的威士忌發酵與香味的研究，必須將完成發酵的酒汁注入壺式蒸餾器，進行2次蒸餾（初餾和再餾），並從其中取部分蒸餾液，加入下一批酒汁一起蒸餾。這樣的步驟要重複6次後，才能評估最終結果，可見這實驗規模有多大，也相當花時間。不僅如此，評估時還必須同時想像威士忌在貯藏後會呈現什麼樣的風味，是既費工又費時，也需要經驗的研究。

不過近年聽聞，由於英國飲用艾爾啤酒的人口降低，現在也有很多蘇格蘭威士忌酒廠只使用威士忌酵母來發酵。或許因為喝慣了艾爾啤酒，這些容易取得艾爾酵母的蘇格蘭酒廠，反而比較不會意識到艾爾酵母用於混合發酵的重要性也說不定。反之，不熟悉艾爾啤酒、較難獲取艾爾酵母的日本，倒是由酒廠帶頭絞盡腦汁研究，以便盡可能延長艾爾酵母的壽命。這樣看來，日本威士忌從最初就沿襲蘇格蘭威士忌的製法，奠定混用2種酵母菌的發酵形式，因此仍處於有利的狀況，無需太過煩惱近來艾爾啤酒的式微。

再多聊一點酵母菌的事。各位讀者或許還有印象，酵母菌又分成「上層發酵酵母」和「下層發酵酵母」。兩者的差別，在於發酵結束時的狀態，浮在發酵液上方的是上層發酵酵母，而沉澱在底部的是下層發酵酵母。

以啤酒來說，分為在低溫（約10℃）下釀造後以低溫貯藏的拉格啤酒，以及在約23℃環境釀造、不進行低溫貯藏的艾爾啤酒。拉格啤酒的釀造使用下層發酵酵母，艾爾啤酒使用上層發酵酵母。威士忌製造，則從以前就是將釀造艾爾啤酒的上層發酵酵母，和威士忌酵母混和並用。研究者曾將拉格啤酒酵母和艾爾酵母分別與威士忌酵母混合發酵，比較兩者生成的新酒，發現加入艾爾酵母發酵的香味較複雜，味道也較厚實。

當然，選擇酵母菌時，會從菌體成分、發酵產物的豐富程度或各自的特性等因素來判斷。不過考量到進行接下來的「蒸餾」工程時，需要將發酵液移至蒸餾器中，那麼浮在上層的酵母就會比較容易轉移，這說不定也是選用上層發酵酵母製造威士忌的原因。在下一章的蒸餾工程中，酵母的菌體成分也是必須的，將會影響蒸餾完成的新酒香味。

珍貴的香氣成分

釀造威士忌時，爲了儘量獲得最豐富的香味成分，會花心思在許多細節上。例如在麥芽上附著泥煤香氣；利用混合發酵，讓發酵結束後仍有「成熟酵母」會繼續生成代謝產物；使用上層發酵酵母，盡可能讓更多酵母菌體得以進入蒸餾工程等。

將烴類化合物中的氫原子以羥基（-OH）取代，就是醇類化合物。威士忌中最多的醇類成分是乙醇，但發酵的目的不單只有生成乙醇，同時還會產生碳分子鏈比乙醇長的雜醇油（正丙醇、異丙醇、正戊醇、異戊醇等），以及這些醇類的乙酸酯（表6－2的A、D）。「酯類」是由酸和醇縮合的化合物總稱，許多酯類都具有香氣成分。乙酸和醇類縮合的主要產物乙酸酯（乙酸乙酯或乙酸異戊酯），可以經由酵母產生。

將烴類化合物中的氫原子以羧基（-COOH）取代的主要生成物，稱爲羧酸。威士忌中最多的酸類成分是乙酸，但經由發酵作用，也可以生成碳分子鏈比乙酸長的羧酸（辛酸、己酸、月桂酸、棕櫚酸等），以及這些羧酸和乙醇生成的乙酯（表6－2的C、D）。酯類成分會讓威士忌產生吟釀般的香氣。發酵時產生的香味成分，在熟陳中也扮演了舉足輕重的角色，之後會再次提及。

表 6-2　酵母菌作用下生成的主要香味成分

A	C_nH_{2n+1}-OH 一般醇類	n ＝ 2：乙醇（C_2H_5-OH） n ＝ 3：正丙醇 n ＝ 4：異丁醇 n ＝ 5：正戊醇、異戊醇
B	$C_nH_{2n-1}(OH)_3$ 3 價醇類	n ＝ 3：丙三醇 ($C_3H_5(OH)_3$)
C	$C_{n'}H_{2n'+1}$-COOH 一般羧酸	n' ＝ 1：乙酸 (CH_3COOH) n' ＝ 5：己酸 n' ＝ 7：辛酸 n' ＝ 11：月桂酸 n' ＝ 15：棕櫚酸
D	C_nH_{2n+1}-O-CO- $C_{n'}H_{2n'+1}$ 酯類	n ＝ 2, n' ＝ 1：乙酸乙酯 (C_2H_5-O-CO-CH_3) n' ＝ 1：乙酸酯 n ＝ 2：乙酯

乙醇等一般的醇類只有1個羥基，而像丙三醇這種有3個羥基的醇類（3價醇類），同樣可以在酵母菌的發酵反應中生成。丙三醇雖帶甜味，但其含量在威士忌中微乎其微，無法讓飲用者嘗到甜味（表6－2的B）。

發酵中生成的長鏈醇、羧酸，或其各自的乙酸酯和乙酯，是由酵母菌分解、代謝麥汁裡的胺基酸而產生。

此外，在前一節也提過，將威士忌酵母和艾爾酵母混合發酵，可以增進香氣的複雜度和香味的厚度，這是由於展現威士忌特性的3種微量成分的硫化物（Dithiapentyl alcohol、Dithiapentyl acetate、二甲基三硫）的量變多的緣故。過多的硫化物通常不討喜，適量的話則可以賦予威士忌特色。

威士忌，就是如此講究香氣的酒。

乳酸菌登場

酵母菌結束發酵的全盛期，步入後半的死亡期時，另一種微生物會取而代之、開始活躍，就是乳酸桿菌屬的乳酸菌。一般而言，乳酸菌是指可以將50%以上的糖分轉變爲乳酸的一類微生物總稱。遠從古代開始，酵母菌就是與我們關係最密切的微生物，不過，乳酸菌其實也和人類關係匪淺，自古以來便被我們用來製作起司和醃漬物。近來，乳酸菌飲料的發展蓬勃也令人注目。乳酸菌還定居在我們的皮膚上，口腔內的微生物也有許多屬於乳酸菌；在腸道微生物中，乳酸菌也發揮了好菌的重要作用。

如前所述，釀造威士忌時，並不會在糖化階段進行煮沸殺菌，因此酒汁中除了乳酸菌外，還存在不少麥芽裡的其他細菌。不過，由於酵母菌的活動讓酒汁pH值轉爲酸性，又有乙醇生成，再加上環境處於無氧氣的厭氧狀態，在這些條件下還能活躍的，差不多就只有乳酸菌了。此外，威士忌的發酵溫度比啤酒高，尤其發酵後期的溫度來到適合乳酸菌活動的30℃左右，也是有利於乳酸菌增長的因素。

在酒汁中，乳酸菌可以利用酵母菌無法利用的醣，也可以攝取酵母菌死去後菌體內殘留的養分，藉此繁殖並生成乳酸。乳酸菌的活躍，也會使酯類和揮發性的酚類成分增加。特別是稱爲芳香分子的環狀酯「內酯類」的生成，更是酵母菌和乳酸菌共同合作的結果。這些現象，可以彰顯威士忌釀造需要充分利用微生物力量的特色。

說起來，第一個證明乳酸菌存在的科學家，也是巴斯德。他在研究啤酒的腐敗時，發現了乳酸菌的存在。雖然乳酸菌在此扮演壞菌的角色，但在釀造威士忌、清酒和葡萄酒時，乳酸菌則是提升品質不可或缺的好菌。

而酵母菌和乳酸菌的組合，效果又特別好。例如廣爲人知的清酒、味噌和醬油，這些使用日本傳統釀造技術的製品，除了將澱粉糖化爲葡萄糖的麴菌外，酵母菌和乳酸菌也會一起大展身手（前述的「並行複發酵」）。最近也發現，發酵麵包時若有酵母菌和乳酸菌共同作用，就可以做出更香的麵包。釀造葡萄酒時，在酵母菌的酒精發酵結束後，會輪到乳酸菌扛起責任，將葡萄酒中酸味強烈的大量蘋果酸，轉變成酸味溫和的乳酸，稱爲「蘋果酸乳酸發酵（Malolactic Fermentation）」。

微生物可大致分爲喜歡天然醣類的微生物，以及喜歡天然蛋白質的微生物。酵母菌和乳酸菌都喜歡醣類，而且還偏好其他多數菌種不喜歡的酸性環境。因此，當乳酸菌迅速生成乳酸時，發酵液會因氫離子濃度上升（使pH值下降）而變酸性，讓其他雜菌更難侵入，從而確立了只有酵母菌和乳酸菌的世界。

附帶一提，麴菌也喜歡天然醣類和酸性環境，但麴菌屬於黴菌的一種，無法在缺氧的環境生存，也難以在液體中存活，偏好附著於固體表面，和酵母菌與乳酸菌有些許差異。

關於在威士忌發酵工程中活躍的乳酸菌種類，科學家使用一種叫DGGE（變性梯度膠體電泳，Denaturing Gradient Gel Electrophoresis）的基因解析方法進行研究。調查發現，在發酵中期後，從酵母菌差不多要結束酒精發酵時開始，名為發酵乳酸桿菌和酪蛋白乳酸桿菌的乳酸菌會活躍起來。接近尾聲，酒汁的pH值變得更酸時，就輪到喜歡酸性的嗜酸乳酸菌開始工作。如此豐富活躍的菌相變化，讓科學家大感驚奇。酪蛋白乳酸桿菌和嗜酸乳酸菌，是用於製造乳酸菌飲料和優格的菌種，在釀造威士忌時同樣能大展身手，很有意思。

綜上所述，威士忌製程中的發酵工程，就是由酵母菌和乳酸菌這對微生物組合，攜手將香氣豐厚的酒汁創造出來的世界。

給乳酸菌一個「家」

威士忌貯藏在木桶中，加上酒窖地點經常給人隱身山林中的印象，因此，威士忌與木頭的組合，感覺總是特別相配。威士忌在釀造階段時，會使用「發酵槽」這種巨大的木桶（圖6－4）。稱之爲「桶」似乎不夠貼切，這個簡直可說是「池子」的巨大木製容器，是人類替乳酸菌建造的「家」。換言之，就是想讓乳酸菌在木桶裡定居下來，以便促進酵母菌和乳酸菌的共同作業順利進行的方案。

新的麥汁運到發酵槽時，在養分豐富的發酵前半期，乳酸菌會靜悄悄地待在木桶的表面，交由酵母菌大肆活躍。當發酵接近尾聲，乳酸菌才會探出頭來，將酵母菌沒辦法吃的糖分、酵母菌釋放的維生素和礦物質、死亡酵母菌的菌體成分和液胞中儲存的養分等拿來利用，開始增生。每當筆者想像起乳酸菌此刻的模樣，總是忍俊不禁；接著又想到有一群製造威士忌的職人，思索著要替乳酸菌們蓋一個巨大的發酵槽，就再也無法掩飾臉上的笑容了。

據說，在長年不斷造酒的酒廠中，居住著最適合那間酒廠的微生物。不只有發酵槽，整個酒廠的建築物和空氣中，都有一群微生物的釀酒啦啦隊，協助我們製造出品質

圖 6-4　木製的威士忌發酵槽

更好的酒。這樣的微生物群系稱爲「微生物相（microflora）」，但詳細機制仍有不明之處。最近有釀造家宣稱，讓微生物們聆聽古典音樂，有助於微生物相的活動更加協調、活躍，可以造出更好喝的酒，眞的是這樣嗎？雖然不知眞僞，光是想像也很有趣呢！

威士忌釀造的魄力

發酵全盛期的酒汁，那可眞是魄力十足。酒汁表面覆蓋著白色泡沫，上層泡沫啵啵地膨大破裂，下層的泡沫隨即翻湧上來。周圍空氣充斥著特殊的香氣，酵母菌在酒汁中翻騰跳躍的模樣，自然地浮現腦海。

觀察這個時期的酒汁時，必須注意頭不

可以過度探進發酵槽。由於酒汁上方瀰漫著一層二氧化碳，頭要是不小心伸進去可就糟了。筆者也曾經因爲太過接近，而遭受宛如一頭撞上水泥牆般的強烈衝擊。

前述的嶋谷幸雄先生，在他的著作中記錄了這個氣勢非凡的場景。在他無比生動的描述下，讓人彷彿親臨威士忌的製造現場，於是筆者參考了嶋谷先生的描述，向各位從頭到尾介紹發酵的過程（圖6－5）。

製造威士忌時，投入麥汁的酵母菌量要比啤酒多，因此發酵可以很順利地展開，所需時間也較短。最初的溫度比較低，只有18～20℃。低溫時，含碳少的脂肪酸與其酯類會大量產生，因此以低溫狀態開始發酵爲宜。發酵開始的30小時後會產生乙醇，同時也會生成雜醇油類，這些化合物的主要香味成分，多半是經由威士忌酵母產生。而含碳多的脂肪酸的酯類，則晚一點才會生成。

酒精發酵快結束時（發酵開始後30小時），可被利用的醣類養分幾近枯竭時，酵母菌的內部就會發生重大變化。細胞內做爲能量來源的糖原減少，造成酵母菌體積縮小。威士忌酵母和艾爾酵母都變爲成熟酵母的狀態，共存於酒汁中。

在艾爾酵母即將步入死亡期之前，乳酸菌類（發酵乳酸桿菌、酪蛋白乳酸桿菌等）就會開始增加，取代酵母菌大量增殖，將酵母菌用剩的醣類殘渣吸收代謝、生

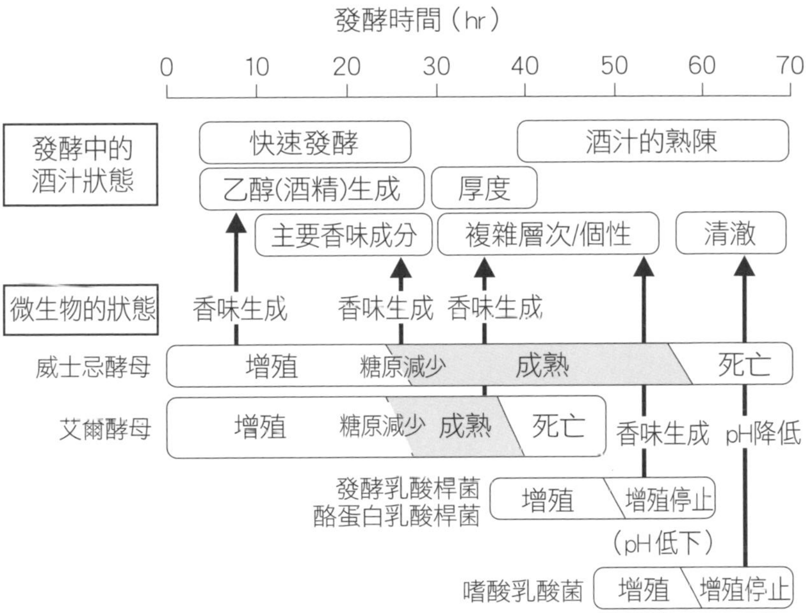

圖 6-5　威士忌釀造中的酒汁與微生物的狀態

成乳酸。酒汁的pH值因而下降，導致處於飢餓狀態的艾爾酵母完全死亡。死亡的酵母菌會自我消化，菌體內部的成分溶出到酒汁中，細胞內殘存的養分也被釋放出來。從這個階段開始，適應酸性的乳酸菌（嗜酸乳酸菌）就會增加，這種乳酸菌可以吸收酵母菌無法利用的三醣和四醣類，產生更多乳酸、進一步提高酸度，使酒汁更清澈。此外，這一連串乳酸菌的活躍，也會增加酯類和揮發性酚類成分，替酒汁貢獻香味、賦予個性。在與酵母菌的共同作業下，也會產生帶有香甜油脂味的內酯類。

酒精發酵結束後，酵母菌處於飢餓狀態（成熟酵母），隨著第一批乳酸菌、接著第二批乳酸菌的輪番上陣，酒汁的酸度急速升高。這些發生在發酵開始後約40至70小時間，是酒汁熟陳的時間，在威士忌製程中極爲重要。酵母菌會在這個階段賦予酒汁香味，增加許多有用的微量成分，讓威士忌增添奶油般的滑順感與層次感，同時也讓酒汁清澈透明，並附加了一分清爽的酯類香氣。如此一來，便完成一次成功的「豐醇發酵」了。

威士忌釀造與諾貝爾獎

酵母菌若單獨存在，當酒精發酵結束、養分枯竭時，就會迅速死亡；但若和威士忌酵母共存，則會轉變爲耐餓的狀態（成熟酵母）生存下去，這點在前面已經提過。將剛增殖的艾爾酵母（新鮮酵母）和成熟酵母放在光學顯微鏡和電子顯微鏡底下觀察，會發現新鮮酵母的細胞質中含有大量糖原顆粒，但成熟酵母則幾乎沒有。糖原的減少和細胞重量的減少成正比，故可以理解是養分枯竭的酵母菌利用了體內的糖原。

另一方面，成熟酵母的液胞則較爲發達，占據了細胞內的大半空間（圖6－

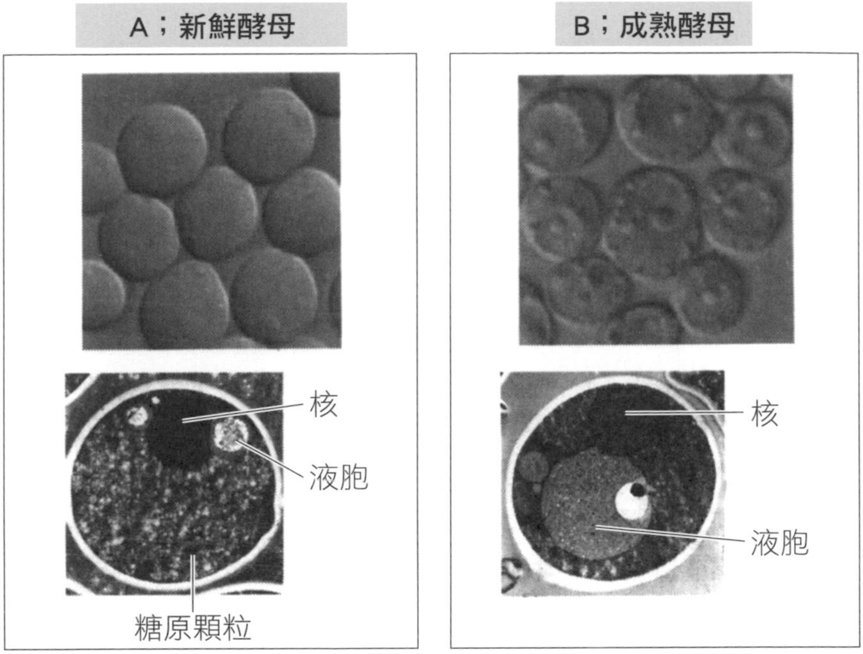

圖 6-6　不同狀態下的酵母菌顯微鏡觀察結果
（引用自四方秀子〈日本釀造協會誌 101（5）315-323（2006）〉）

6）。處於飢餓狀態的細胞，爲了適應新的環境並生存下去，會將細胞質內的小器官等包覆在膜中，攝取到液胞內後分解，以便產生細胞組成成分。這個現象稱爲「自噬作用（Autophagy）」，命名自希臘文中的「自我（Auto）」和「吃（Phagy）」。

獲頒2016年諾貝爾生理學或醫學獎的大隅良典博士，對於這種酵母菌的現象產生了興趣。酵母菌雖是單細胞生物，細胞內卻擁有小型器官，具有各自分工合作、維持細胞活動的高等細胞構造，與人類同屬眞核生物。大隅博士的小組找到了酵母菌自噬作用相關的基因，並進一步發現人體中也存在同樣的基因，闡明了細胞自噬之於高等生物的作用。

自噬的基本作用，是讓細胞能忍受飢餓狀態，哺乳類的受精卵著床時，卵子內預先儲存的必要養分，便會以細胞自噬的方式供給受精卵使用。另外，自噬也具有淨化細胞的作用。像神經細胞這種長壽的細胞，會利用自噬作用，避免細胞內堆積太多廢物，也可以預防神經退化和腫瘤的形成。

自噬作用會出現在各式各樣的地方，可以說我們的細胞隨時都有自噬機能在運作著。諾貝爾獎表揚的雖然是這一系列的研究，但要追溯其源頭，還是從酵母菌的液胞研究開始的。

這個液胞的自噬現象，除了連結到現今人類最前線的科學研究，在威士忌製造的領域中，也是讓酵母菌和乳酸菌得以共同作業、提升酒汁品質的關鍵。不僅很有意思，也眞的非常偉大。

第7章 蒸餾的科學

躍出的酒精

迸發的「生命之水」

在酵母菌和乳酸菌攜手合作之下釀造出的酒汁，會移到煉金術士們發明的銅製Alembic型單式蒸餾器，也就是壺式蒸餾器中，下一步就要萃取出蒸餾液的精華。而這個精華萃取物，便是抓住無數人心的透明液體「生命之水」。在本章中，將會詳細介紹發酵完成的酒汁，是如何變成「生命之水」的過程。

此外，前面提過麥芽威士忌被認爲是「Loud Spirits（張揚的酒）」，穀物威士忌則是「Silent Spirits（沉默的酒）」，這裡的「Spirits」指的是蒸餾酒。在日文裡，蒸餾酒中的乙醇也稱爲「酒精」，而「Spirit（單數形）」也有「精神」或「靈魂」之意。確實，酒汁蒸餾所得的液體（新酒）從蒸餾器裡迸發而出的光景，那躍動的精神與氣勢，實在難以覺得那只是單純的乙醇溶液。這或許就是蒸餾酒被稱爲

「Spirits」、其中的乙醇被稱爲「酒精」的原因也說不定。

加熱液體、使之汽化（蒸發）後，將氣體全數收集並冷卻，回復爲液體形態。只要在適當時機中斷液體的加熱過程，就可以只讓容易在這個溫度汽化的萃取物汽化，並保留在冷卻後得到的液體中，這就是蒸餾。簡單來說，就是利用各種成分的沸點不同，只萃取出想要的成分、加以濃縮的技術。

蒸餾技術在西元前３０００年就已存在，不過前面也提過，當初似乎主要是用來製造香水。人類眞正開始製作蒸餾酒，是8世紀的煉金術士們將乙醇蒸餾液，也就是酒的「精」萃取出來，將釀造酒變成「生命之水」以後的事。蒸餾的科學，就是Spirits誕生的科學。

壺式蒸餾器之美

將威士忌的酒汁移入蒸餾器，準備成爲「生命之水」。如果是日本、蘇格蘭和愛爾蘭的麥芽威士忌，會使用「壺式蒸餾器」這種形狀特殊的銅製單式蒸餾器。這個裝置繼承了以阿拉伯人爲主的煉金術士使用的「Alembic」蒸餾器，可說是象徵威士忌

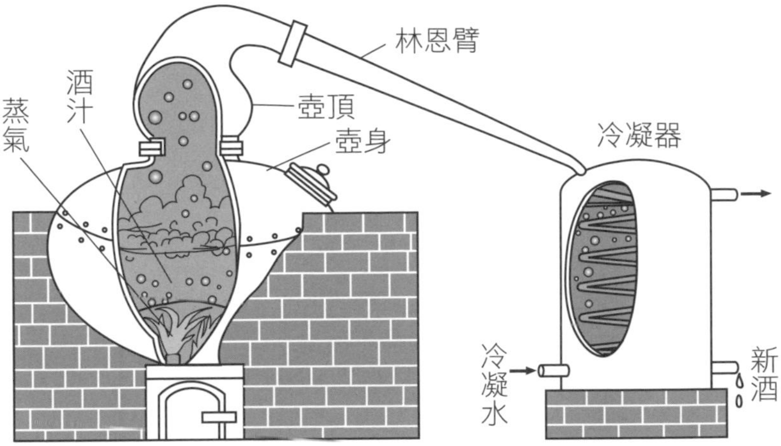

圖 7-1　壺式蒸餾器的構造

酒廠的設備。其美麗的形態，只要見過一次便會深深刻在腦海中，難以忘懷。

粗略地說，壺式蒸餾器是由3個部分構成的（圖7－1）。包括存放酒汁進行加熱、使沸點低的成分蒸發的壺身部分（Pot），將蒸發的蒸氣冷凝的冷凝器（Condenser），以及連接壺身與冷凝器的林恩臂（Lyne arm）。另外，壺身上半部與林恩臂相連的膨大部位，稱爲「壺頂（Still hat）」。因此，蒸餾器從外面看來，就是由帶有圓弧曲線的美麗壺身與壺頂，由此，優雅延伸出的林恩臂，以及冷凝器這3部分連結起來的。與其說是工廠裡的設備，外觀更像是藝術的工藝品。特別是從壺頂延伸出來的林恩臂，其優美的形狀，也被稱爲天鵝頸（Swan neck）。

圖 7-2　各種形狀的壺式蒸餾器

加上蒸餾器整體皆由銅製成，造訪酒廠的來客踏進蒸餾室時，眼前閃耀著紅銅色的巨大蒸餾器一字排開，見到如此超乎想像的光景，無不瞠目結舌。除此之外，由於蒸餾帶來的蒸氣充斥周遭，蒸餾室裡非常悶熱。比起熟陳後圓潤的威士忌香氣，還更像是年輕武士粗曠勇猛的氣息。親臨蒸餾現場，多數人都會懾服於那驚人的氣勢。

話說，各位看圖7－2的照片應該也會發現，每個壺式蒸餾器的形狀都有些許不同，這絕不是刻意想標新立異。後面會進一步詳述，壺式蒸餾器的形狀差異，會影響製成的新酒品質。爲了產出不同類型的新酒，才會改變壺式蒸餾器的形狀。

低沸點成分的複雜活動

蒸餾技術，就是將沸點低的成分蒸發並優先萃取出的技術。威士忌的酒汁成分包括水，以及發酵產生的乙醇。乙醇的沸點比水低（水的沸點是100℃，乙醇是78.3℃），因此在蒸餾時會比水先汽化並被濃縮，從而提高蒸餾液的乙醇濃度。

但在酒汁中除了乙醇外，還存在非常多其他成分，包括來自大麥芽原料和泥煤的成分、發酵產生的高級醇（含碳較多的醇類）及其乙酸酯、各種有機酸類及其乙酯，還有丙三醇和環狀的酯類（內酯）等。除了這些原料和發酵產生的成分外，也包含酵母菌和乳酸菌的菌體成分。將內容物如此豐富的酒汁拿去蒸餾，可以萃取出其中多種低沸點成分，這些成分就會決定新酒的特色。代表性的低沸點成分，包括高級醇、有機酸類、酯類和羰基化合物，超過數百種成分。不過，以賦予新酒特色來說，比起個別成分的含量多寡，其香味的強弱更具意義。

至於蒸餾可以萃取出哪些成分，基本上只要知道這些低沸點成分的沸點就能預測。然而，實際上沒有這麼簡單。乙醇溶液裡的成分是否容易蒸發，不僅取決於個別成分的沸點，也會被該成分的濃度、與水和乙醇的親和性等因素左右。更麻煩的是，在蒸餾過程中，壺身裡的酒汁乙醇濃度隨時都在變化（當然是愈變愈低），讓整體狀況更複雜了。

以乙醇爲基準，可以大致將酒汁成分在蒸餾時的狀態分爲4個類別：（A）蒸餾時比乙醇容易蒸發的成分；（B）在乙醇濃度較高的蒸餾前半段時，比乙醇容易蒸發，但在乙醇濃度降低的蒸餾後半段，則較難蒸發的成分；（C）蒸餾時狀態與乙醇相同的成分；（D）蒸餾時比乙醇難蒸發的成分。圖7－3中，呈現了各類成分的典型蒸餾模式。當然，

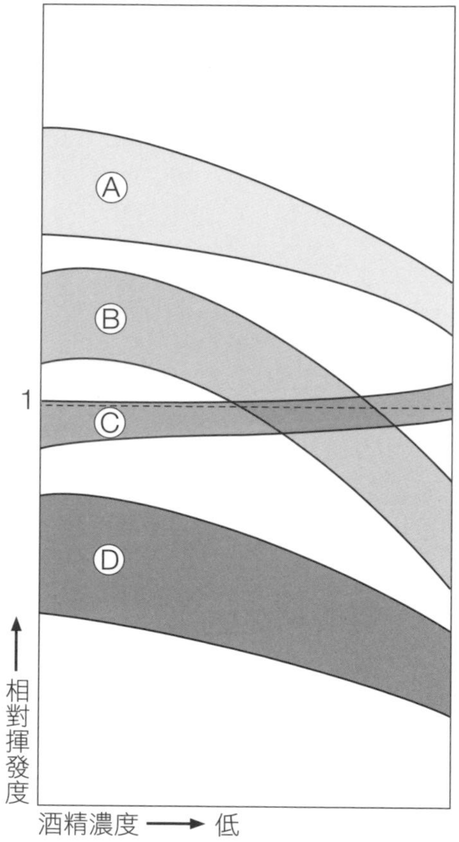

圖 7-3　酒汁成分的 4 種蒸餾模式

虛線爲乙醇的揮發度

（改製自《威士忌博物館》書內附圖）

新酒中的A類型成分會被濃縮，而D類型的濃度則相對稀薄。

絶妙的設計

蒸餾過程中，除了乙醇之外，許多低沸點成分也會在複雜的活動下被萃取出來。以威士忌來說，壺式蒸餾器的形狀又會讓成分的變化更加複雜。

壺身裡加熱蒸發的成分，會隨蒸氣上升到壺頂處。期間有些成分會在碰觸到銅壁時冷卻凝結，再次流回進壺身，這個現象稱爲「分凝」。分凝發生時，低沸點成分會再次被蒸餾，提高乙醇的純度，稱爲「精餾」。

分凝的程度，會影響到威士忌香味成分的餾出程度。因此，蒸餾器的壺頂大小和形狀，會大大影響威士忌的品質。舉例來說，若壺頂的表面積較大，低沸點成分與銅壁接觸的時間會增加，分凝率（分凝的程度）也會上升，由於精餾效果較高，製成的威士忌會比較輕盈；若壺頂的表面積較小，製成的威士忌就會有較多雜味。

在這些複雜因素的綜合考量下，便誕生了形狀各異的壺式蒸餾器。壺頂的表面積小、幾乎沒有收凹處的是直線型；有1處收凹、模樣像麻糬的是燈籠型；有2處收凹、像2個麻糬疊起來的是鼓球型。一般而言，收凹處愈多，蒸發成分滯留在壺身裡的時間就愈長，愈能蒸餾出輕盈爽口的新酒。

蒸發成分從壺頂出來後，通過細長的頸部，轉入橫向的林恩臂。新酒的品質，也會受林恩臂頸部的長度，和頸部與林恩臂的彎曲角度所影響。頸部愈長，蒸發成分滯留在壺身裡的時間就愈長，愈能製造出輕盈的新酒；反之，頸部短則會製造出口味厚重的新酒。此外，林恩臂的角度上舉時，抵達臂體的一部分香氣成分會在此冷凝、回流到壺身中，提高精餾效果，可獲得較輕盈的新酒；反之，若林恩臂的角度下垂，則製成的新酒較厚重；若角度水平，則介於兩者之間。

蒸餾過程中會產生泡沫，泡沫的形成對新酒品質也有很大的影響。泡沫中包含蒸發成分以外的部分酒汁，會隨著蒸餾上升到壺身的上半部。壺頂的表面積愈小，泡沫愈容易上升，因此直線型壺頂的泡沫最容易上升，往後依次爲燈籠型和鼓球型。雖然泡沫終究會破裂，但泡沫的膜上含有酒汁裡較重、原本不會蒸發的成分。隨著泡沫破裂，這些成分會變成小水滴，乘著來自下方的強勁上升氣流，其中一部分會通過林恩臂，被餾出到新酒中，這稱爲「泡沫效果」。

由上述內容可知，壺式蒸餾器的大小與形狀，會影響分凝和泡沫效果，進而左右新酒形成的香味。不過，若要論壺身與品質的關聯性，那麼加熱方式的影響還是更大。

傳統作法是用煤做爲燃料，直接生火加熱，不過，現在絕大多數的酒廠都使用蒸氣來間接加熱。發酵結束後的酒汁裡，除了酵母菌體和乳酸菌體外，尚含有許多固形物。若將這些成分全部倒進蒸餾器、以直火加熱，菌體和固形物會沉積在壺身底部，並且被燒焦。爲了防止此類狀況，必須在壺身內部設置攪拌機，邊蒸餾邊刮除焦垢才行。

以這點來說，蒸氣間接加熱雖然必須在壺身內部設置蒸氣管，但就不必擔心燒焦的問題。而且能源效率高，蒸餾後的清潔也很容易。再加上壺身的銅壁不需要做得很厚，製作成品就比較便宜。因此只要品質差距不大，一般都會選用間接蒸氣的加熱方式。

不過，現在依然有酒廠堅持採用直火加熱的方式。因爲在直火的加熱下，會產生令人愉快的烤麵包香或烘烤穀物的香氣，還有酵母菌體分解的香味（酵母味）。加熱反應也會使胺基酸與糖產生牛奶糖的香氣，也會加速芳香分子β-大馬士革酮（有玫瑰香）的生成，讓新酒的風味更廣袤豐富。

乍看或許只會注意到優雅的外觀，但壺式蒸餾器其實匯聚了非常多智慧結晶，每項設計都關乎威士忌的品質。每個壺式蒸餾器的形狀，都在訴說威士忌製作者想追求的威士忌類型。

非銅不可的理由

再多聊一點壺式蒸餾器吧。

其實，壺式蒸餾器使用銅爲製作材料，是威士忌製造中非常重要的一環。蒸餾器剛發明時，可能是因爲材質軟、容易加工，才選擇用銅製作。但銅也非常昂貴，使用年限也短。以現代來說，改用不鏽鋼會是更經濟又方便的做法，但產出的新酒品質差異甚大，簡直算不上是威士忌了。科學家一直到近年才發現，銅做爲一種金屬觸媒，性質上與許多化學反應有關，爲威士忌製造提供了莫大貢獻。

蒸餾酒汁後得到的低沸點成分，並非全帶有令人愉快的香氣。其中尤以硫磺類的成分最爲麻煩。泡溫泉時聞到的硫磺味固然有其魅力，但混在威士忌裡就另當別論了。「散發溫泉蛋氣味的威士忌」感覺可不怎麼有吸引力。但在酒汁的酵母菌體中，就有來自含硫胺基酸的硫磺成分，其中又以硫化氫等硫醇化合物特別臭，令人傷腦筋。幸運的是，銅具有與這些硫醇化合物反應並結合的特性，可以避免不宜人的臭味進入蒸餾液中。在蒸氣凝結過程中，硫醇化合物與銅結合的部位，主要發生在林恩臂至冷凝器之間。此外，過剩的脂肪酸也會經由與銅結合而被去除。而造成異臭的主要化合物二甲基硫（DMS），則可以靠銅製壺身去除掉70％左右。

不過，並非所有硫磺化合物都是壞東西。在發酵過程中產生的極微量硫磺化合物，可以替威士忌的香味增添厚度，有些人很喜歡。只是分量拿捏相當不易，端看個人喜好了。

除此之外，在蒸餾的加熱過程中，會生成β-大馬士革酮、糠醛（furfural）等具特色的香氣成分，也會發生糖與胺基酸的梅納反應、有機酸與醇的酯化反應等，而在熱效率高、具觸媒作用的銅製壺式蒸餾器中，更能促進這些反應進行。例如銅壁表面的綠色鹼式碳酸銅，可以讓醇和有機酸酯化並產生香味，具有相當重要的作用。

初餾、再餾、新酒誕生

以日本及蘇格蘭的麥芽威士忌來說，通常會進行2次蒸餾。2次皆使用壺式蒸餾器進行單式蒸餾，第1次蒸餾稱爲「初餾」，第2次蒸餾稱爲「再餾」。

初餾時間依蒸餾器的容量有所不同，不過多半需要5～8小時。初餾除了會將酒汁中的低沸點成分萃取至蒸餾液，同時也藉由酒汁成分的熱分解和熱化學反應，附帶產生香氣成分。初餾會持續到幾乎所有乙醇都被蒸餾出來的程度，此時蒸餾液的體積大約爲酒汁體積的3分之1左右，換言之，乙醇濃度就是酒汁的3倍。以威士忌來說，酒汁的乙醇濃度通常爲6～7%，初餾結束後，蒸餾液的乙醇濃度就是3倍的18～21%。

經過初餾的蒸餾液，要再次送進壺式蒸餾器蒸餾，這就是再餾。雖然有點複雜，不過再餾還分成前餾、中餾、後餾3個階段。再餾所花的時間通常會比初餾長一些，大概6～8小時。其中，前餾約需10～30分、中餾1～2小時，其餘則是後餾的時間。

再餾階段最先餾出的酒液，稱爲酒頭。酒頭富含高揮發性、高刺激性的成分，通常不會進入新酒中，這個階段的操作稱爲「切酒頭」。而到了最末的後餾階段，難以蒸發的成分變多，會造成酒液出現雜味，因此要斟酌時機停止收集，這就是「切酒尾」。切除的酒頭與酒尾，會和下一批初餾液混合後再次蒸餾。

換言之，再餾就是去除前餾的酒頭與後餾的酒尾，將中餾部分提取並收集的作業。而這部分的蒸餾液，就是之後要經歷長期貯藏、熟陳的主角「新酒」（圖7－4）。不過，酒頭與酒尾的切換時機，需要非常嚴格精密的掌控。若酒頭切得太早，新酒中揮發性強的成分就會變多，刺激性太強；若酒頭切得太遲，就會損失重要的成分。而後餾液中雖然含有威士忌的必須成分和香氣，但同樣也包括了帶有穀皮臭味、酒汁加熱味和肥皂味等的成分。若酒尾切得太早，新酒雖有澄淨香氣，卻會少了點複雜的魅力；若酒尾切得太遲，則會留下過多難揮發的成分，使得新酒難以擺脫令人不悅的氣味。切換時機點的判斷，需要長年累積的知識和經驗。

看到這裡應該可以理解，將中餾的蒸餾液精準提取出來，是一件多困難的工作了。在蘇格蘭威士忌中，將這個中餾的部分稱爲「酒心」。這一段的酒液有多麼重要，從命名看來應是可想而知。

和初餾一樣，經過再餾後的蒸餾液，乙醇濃度約是蒸餾前的3倍。初餾結束時

圖 7-4　從壺式蒸餾器中餾出的新酒

的乙醇濃度是18～21%，故此時約達60%，這就是新酒的乙醇濃度。

以愛爾蘭威士忌來說，則會進行3次蒸餾，因此乙醇濃度又會更高。不過，日本和蘇格蘭威士忌的新酒，乙醇濃度多半都在55%到67%之間。這個數值就是酒汁經過2次單式蒸餾後的結果，應該也不算是一個事先計畫好的數字，但這個濃度其實對製造威士忌有很大的意義，留待後面的貯藏工程再揭曉。

諷刺的「連續式蒸餾器」

我們看到了新酒的誕生，不過現在暫且將目光從麥芽威士忌，轉向穀物威士忌的蒸餾過程。

不需再多說，比起１次蒸餾，２次蒸餾更可以濃縮揮發度高的低沸點成分，提高乙醇濃度。重複操作這個步驟，就可以將以乙醇爲主的低沸點成分進一步濃縮，這就是前面提過的「精餾」。透過反覆連續的蒸餾，提升高度的精餾效果，獲得乙醇濃度遠比麥芽威士忌高的蒸餾液，最終製成的就是穀物威士忌。

穀物威士忌的誕生，要大大歸功於連續式蒸餾機的發明與普及。發明的契機，源自某個威士忌專家的稅金對策。

１７８０年代至１７９０年代間，倫敦（英國）政府導入了新的稅金制度，要依據壺式蒸餾器的壺身容量課稅。在低地區擁有酒廠的羅伯特·史丹（Robert Stein），思考是否有不使用大尺寸壺身，也能達到高效率蒸餾的方式，最終在１８２６年構思出連續式蒸餾機。

隨後在１８３１年，這個裝置經過改良，成爲現在廣泛使用的連續式蒸餾機原型。著手改良的，是愛爾蘭的稅務官埃尼斯．科菲。爲了避稅而發明的機器，由課稅的一方進行了改良。此外，科菲還取得了這種裝置的專利權，因此，這種裝置也稱爲科菲蒸餾機或專利蒸餾機。發想者羅伯特．史丹的名字，就這樣完全消失了。

想到這兩人，筆者總覺得很有趣。構思新事物需要耗費相當大的精力，羅伯特．史丹身爲酒廠主人，想必是爲了「一定要想辦法應付稅金政策」而拚命思索解方。他拚命的精神成爲動力，最後構思出連續式蒸餾機。另一方面，申請發明的專利權時，爲了表達這個東西有多新奇、多好用，必須用客觀的角度評價自己的作品。看到羅伯特．史丹拚命發明出來的蒸餾機，埃尼斯．科菲想必是以課稅方的冷靜視角，給予「哦，他想出了很厲害的東西呢。雖然是用來逃稅的裝置，不過很有意思」的優秀評價。他應該就是以這般客觀的眼光，將連續式蒸餾機改良並成功申請專利，最終獲得巨大的財富與名聲吧。

連續式蒸餾機基本可分爲精餾柱和分析柱2個部分（圖7－5）。分析柱裡由許多蒸餾板分隔爲數層。發酵完成的酒汁，首先要連續導入精餾柱中的管路（①）。酒汁會在通過管路的過程中逐漸加熱，接著導入分析柱（②），柱體下方會輸入蒸氣來加熱，同時酒汁從上方經過層層蒸餾板往下流。各層蒸餾板並非密閉，而是互通的，因此酒汁可以逐層往下流，而蒸氣也會一層層往上升。下方的蒸氣向上碰到各層蒸餾板時，就會讓蒸餾板上的酒汁再次蒸餾（③）。

這個過程反覆進行，就可以快速增加酒精濃度。經過十幾層後，甚至可以達到90％以上。汽化後的酒精蒸氣被導入精餾柱，再經過冷凝器的冷卻後，成爲烈酒（Spirits，④）。酒精濃度愈高，副產物就愈少，可以餾出愈接近純酒精的烈酒。

另外，抵達冷凝器前就在精餾柱裡凝結的液體，同樣稱爲酒尾。這些酒尾中還含有相當分量的酒精，因此會再導回分析柱裡（⑤）繼續蒸餾，讓酒精能全數回收，不浪費一點一滴。到達分析柱下層的糟粕已無酒精成分，會累積在分析柱底部後排出裝置。

像這樣的連續式蒸餾機，最後可以獲得接近純粹的酒精成分，濃度可以高達90％以上。因此最終製成的威士忌，便不太會體現出原料和發酵過程的差異，副產物較少，個性也較不突出。這就是穀物威士忌，通常以玉米等穀物爲原料發酵成酒汁。

麥芽威士忌以大麥芽爲原料，發酵成酒汁後使用壺式蒸餾器蒸餾，製成的酒具有較強烈的個性。換句話說，就是爲了加強酒的個性，透過製麥、糖化、發酵、蒸餾各項工程，講究每一步製成的威士忌。不過，直接這樣飲用，有時也會給人個性過於強

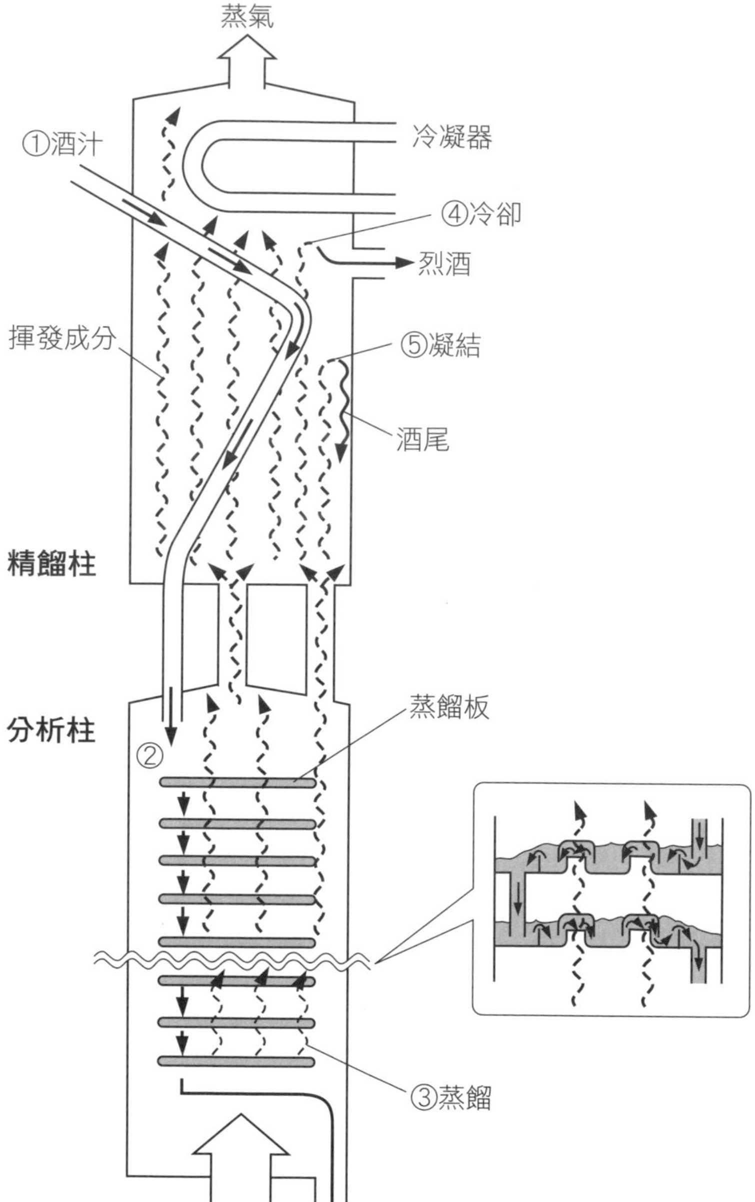
蒸氣
①酒汁
冷凝器
④冷卻
烈酒
揮發成分
⑤凝結
酒尾
精餾柱
分析柱
②
蒸餾板
③蒸餾
蒸氣
糟粕

圖 7-5　連續式蒸餾機

烈的感受。這也是爲何麥芽威士忌會被稱爲Loud Spirits（張揚的酒）。

於是，若想緩和麥芽威士忌外放張狂的音量，人稱Silent Spirits（沉默的酒）、低調安靜的穀物威士忌就會派上用場。利用個性或強或弱、五花八門的麥芽威士忌和穀物威士忌，調配出高完成度的威士忌，這就是調酒師的工作。而最終完成的製品，就是調和威士忌，也是最多人喜愛飲用、音量適中的威士忌。

埃尼斯．科菲的連續式蒸餾機，後來經過多次改良、增加精餾度，逐漸演變成現在業界使用的版本。然而有人指出，即便是Silent Spirits，滋味也不應過度乾淨，應該保留一點來自穀物的風味，因此人們又重新注意到科菲版本連續式蒸餾機的優點。某種程度上，人們所追求的，其實是會「輕聲細語」的Silent Spirits。

第8章 木桶的科學

左右品質的神祕容器

來自造船技術的「曲線」

木桶的發明，或許是人類最重要的容器革新。

西元前1世紀的羅馬，據說就已經有木桶了。那在之前，葡萄酒和啤酒都只能用陶器搬運，直到重量輕又不易破損的木桶出現，才一下子提高了搬運效率。人類之所以能製造出裝填液體也不會漏的木桶，應該主要歸功於木造船建造技術的進步。木造船在古埃及就已經存在，古羅馬也曾爲了贏得布匿戰爭而大規模砍伐森林，趕製出大量木造船。如此一來，建造船底的技術自然會進步，即使做成弧線形，水也不會滲漏。

古羅馬人使用的西式木桶，側面的木板是彎曲的。相比之下，日本自室町時代起用於盛裝清酒的和式木桶，側面的木板是筆直的。但無論是西式或和式木桶，當時似乎都以直立擺放使用。像現在的威士忌桶擁有兩端向內收攏、中段更膨大的造型，可用於橫向放置的西式木桶，究竟何時登場已不可考。不過，正因爲是這樣的形狀，威士忌桶除了可做爲保存用的容器，從「熟陳」的角度來看也具有相當優異的效果，必須好好感謝無名先賢才行。

木桶的5個種類

貯藏新酒所用的木桶，由「白橡木」或「歐洲橡木」製成。橡木是一種筆直高大的樹木，在英國稱爲「森林之王」，擁有威嚴的氣勢。全世界的７００種橡木中，用於製作威士忌桶的橡木，生物學分類爲殼斗科櫟屬（*Quercus*）。「*Quercus*」在拉丁文中表示「美麗的樹木」。光是櫟屬之下，也有３００～３５０種。

白橡木（*Quercus alba*）分布於美國東北至加拿大東南部一帶，而歐洲橡木則生長於歐洲全域，遍及北非及西亞地區。歐洲橡木的主要樹種包括夏櫟（*Quercus robur*）和無梗花櫟（*Quercus petraea*）。夏櫟又可分爲產自法國利穆贊、用來熟陳干邑白蘭地的樹種（又稱法國橡木），以及產自西班牙、用來熟陳雪莉酒的樹種（又稱西班牙橡木）。英國自古以來就是雪莉酒的最大消費國，因此會將空的雪莉桶重組，用來貯藏威士忌。不過，近年愈來愈多蘇格蘭威士忌不再堅持使用雪莉桶，改用白橡木桶，也經常使用白橡木板材製作雪莉桶。日本使用水楢木（Mizunara）製成的威士忌桶，也頗受矚目。水楢木因此也被稱爲「日本橡木」，製成的桶則稱爲「水楢桶」。

這些橡木的特徵，在於其構造中有許多填充體（tyloses），填充體呈現光亮泡泡狀，是一種堵塞樹木導管的充填物。其中又以白橡木的填充體特別多。填充體是由導管周圍的軟組織膨脹、突出導管形成，填充體發達的板材，更具有防滲漏效果，適合需要經年累月的威士忌貯藏。

威士忌使用的木桶，依容量和形狀通常可分爲5種（圖8－1）。

首先是容量約480公升的木桶，包括桶身較矮胖的「邦穹桶（Puncheon）」、桶身較高瘦的「雪莉桶（Sherry Butt）」，以及水楢桶。其中，雪莉桶是由前述的西班牙夏櫟製成，用以熟陳雪莉酒的木桶，因爲是裝過雪莉酒之後再拿來使用，故稱雪莉桶。容量約230公升的木桶是「豬頭桶（Hogshead）」。最後，是容量最小、只有約180公升的「波本桶（Barrel）」。

不同種類的木桶，會大大影響威士忌貯藏後的品質。木桶容量愈小，每單位容量的威士忌，可以接觸到的木桶表面積就愈大。換言之，就是威士忌有更多機會可以與

圖 8-1　威士忌貯藏用的 5 種木桶，由右至左依次為邦穹桶、水楢桶、雪莉桶、豬頭桶、波本桶。

木桶接觸，木桶對威士忌品質的影響力就更強。木桶的影響太強，也會破壞威士忌的品質平衡，這種狀況在業界現場稱爲「被木桶打敗」。

邦穹桶、豬頭桶和波本桶是用白橡木製成。水楢桶如前所述，是由人稱日本橡木的水楢木製成，不過依狀況所需，也有將橡木桶的部分板材替換成水楢木的做法。

美國的法律規定，波本威士忌必須用全新的波本桶貯藏，但蘇格蘭和日本的麥芽威士忌則沒有特別規範，可以依各酒廠的政策自由選擇。用白橡木桶熟陳的威士忌，特色是口感輕快，釋放香草和椰子的香甜味，而木桶內側經過火燒處理（稱爲燒烤）也是部分原因。另一方面，用夏櫟製成的雪莉桶熟陳的威士忌，多酚類、單寧和色素的影響比較明顯，帶有桶裝原酒特有的深紅色調，香味厚重。近年，有些酒廠特別講究威士忌獨有的豐富滋味，會特地選用西班牙產的夏櫟來製作雪莉桶，再將桶子寄存在雪莉酒製造廠內。至於水楢桶，則可以帶來甘甜華麗的香氣，若是熟陳年數夠長，甚至會散發令人聯想到線香的複雜東方香氣，含在口中則有獨特香醇的餘韻繚繞，久久不絕。如今，水楢桶被視爲能創造日本威士忌特有風味的木桶，在海外也逐漸廣爲人知，愈來愈受重視。

為什麼必須「徑切」

新酒的主要成分，是很容易蒸發的乙醇溶液，因此，若要長時間貯藏於木桶中，就必須製作緻密不滲漏的木桶。反過來說，如果做不出緻密的木桶，就無法完成好喝的威士忌。因此，一間好的酒廠，一定會僱用專門製造木桶、手藝精細的製桶匠（圖8－2，在蘇格蘭稱爲「cooper」）。

木桶板材的厚度，波本桶爲25mm，邦穹桶爲32mm。要切割出這般厚度的板材，需要樹齡100年的橡木。不僅如此，還要求使用「徑切（Rift Sawn）」的方式切割木頭，這種切割法會浪費很多木材，是一種奢侈的做法。

所謂徑切，就是從樹幹中央的樹心往外圍的樹皮方向，呈放射線狀將板材切割出來的方式（圖8－3(A)）。樹幹裡縱橫分布著許多導管和髓射線，以徑斷方式切割，板材表面才不會看到這些組織的開口。導管是養分和水分自根部運往莖葉的縱向通道，髓射線是養分由樹心運往樹皮的橫向通道。因此兩者都是水分容易通行的組織。用木桶貯藏威士忌時，如果桶壁有導管或髓射線穿過、連接桶壁內外，那桶內的威士忌就會經由這些組織通道慢慢滲漏到桶外。徑切就是防止這些組織通道出現的方式，對於必須長年貯藏的威士忌，是不可不知的學問。

圖 8-2　專業的製桶匠

相對地，沿著樹皮向樹心逐漸靠近的切割方式，稱爲「弦切（Plain Swan）」。弦切的板材

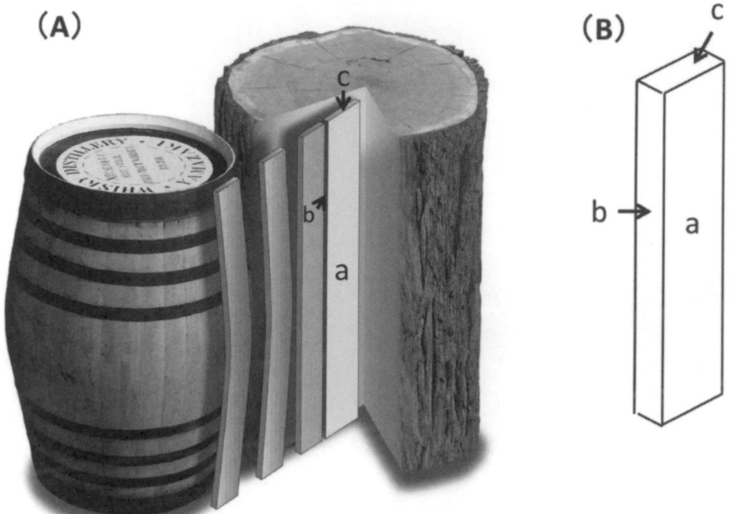

圖 8-3　以徑切方式切割橡木材（A）和徑切板材的 3 個切面（B）
a：徑切面　b：弦切面　c：橫切面

不適合製作威士忌桶，但損料較少，板材表面更呈現華麗的生長輪紋路。附帶一提，舊時的東京常見木造房屋，外圍的木板牆皆使用弦切板材，因此可以見到各式各樣的木頭紋路。對筆者而言，木牆建築是令人懷念的舊時風景之一。

為什麼必須自然風乾

切割完畢的板材，首先需要確實乾燥。木桶板材裡若有水分殘留，會影響威士忌的品質。如果連生木材的味道都進入新酒中，那就已經不算是威士忌了。另外，也必須考慮滲漏問題。如果使用未充分乾燥的板材製成木桶，板材會在貯藏時繼續乾燥、收縮，導致板與板之間出現縫隙，威士忌就會滲漏出去。除此之外，若一個木桶的不同板材乾燥度有差異，收縮度就會不同，導致板材的特定部位出現變形、破損或龜裂。

爲了預防這些狀況，切割好的木桶板材會先進行數年的自然風乾。日本的製桶匠將木桶板材自然風乾的作業，稱爲「乾涸板材」。一般會選擇酒窖附近空氣清澈的地方，將木桶板材以井字型堆疊，靜置數年風乾。經過充足的時間風乾後，可以讓板材的含水率降到一個幾乎固定的值。這個數值就是由風乾環境的溫度與相對溼度決定的平衡含水率，例如在20℃、75％的環境下，平衡含水率約爲15％。一般酒窖內的環境條件，就和這個數值相仿。考慮到之後就要組裝成木桶、裝填新酒長年貯藏，平衡含水率還是低一點比較好。通常在自然風乾後，會再經過短時間且和緩的人工乾燥作業，之後才組裝成桶。

以效率來說，應該一開始就送進乾燥室，用人工乾燥比較快吧？不過，在乾燥過程中，板材的縱向（順纖維方向）、弦向（與年輪切線平行的方向）和徑向（由中心向外放射的方向）的變形量各不相同，因此急遽的乾燥可能會使板材變形，也會讓木頭成分產生變化。確實還是必須使用自然風乾的板材，才能熟陳出好喝的威士忌。長時間置於自然的環境中，木桶板材或許也會感受到四季更迭的變化。

板材完成風乾後，在正式組裝之前，還必須經過嚴格的最終確認。爲了讓板材不會在製桶時因彎曲加工而龜裂，也不會在貯藏過程中裂開、使原酒滲出，此時必須加以挑選。板材是否是切割整齊的徑切板、年輪是否與弦切面平行、塡充體是否發達、是否有木節或歪斜、年輪間距是否過於狹窄等，熟悉現場作業的專家們，可以從20多種板材裡一眼分辨出來。

像這樣經過精心切割、風乾的木桶板材成形後，才可以組裝成桶。用於木桶兩端圓形桶底的板材稱爲「鏡板」，桶身部分的板材稱爲「側板」。板材的所需片數依木桶容量而異，以邦穹桶爲例，約需15片鏡板和35片側板才能組成一個邦穹桶，是一種構造複雜的容器（圖8－4）。

同樣是木桶，威士忌桶和日本清酒等使用的和式木桶，有著明顯的形狀差異。和式木桶的側板不需彎曲，桶子也有上下之分。而威士忌桶桶身的側板有彎曲弧度，兩端套上桶箍束緊即成形，桶子無上下之分，這種形狀的優點之一，就是比較方便作業。威士忌桶的板材較厚，邦穹桶和雪莉桶的空桶重量就有１２０公斤左右，裝塡威士忌原酒後更可超過５００公斤，非常沉重。但由於絕妙的形狀設計，橫放的木桶和

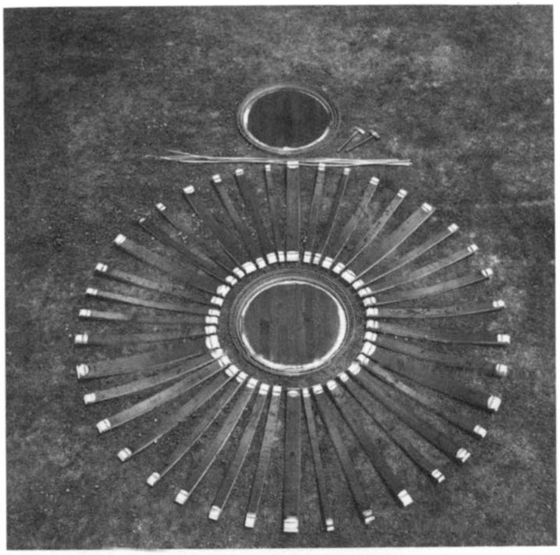

圖 8-4　解體攤平展示的威士忌木桶板材。上方和中央的圓形木板就是鏡板。中央鏡板周圍呈放射狀的板材則是側板。

地面只有一個接觸點，因此要滾動或改變木桶方向都非常容易。在作業現場的酒窖，專家們熟練地「轉桶」的畫面令人印象深刻，簡直像在看雜技表演（圖8－5）。

威士忌桶會用數條桶箍（hoop）將桶身束緊。桶箍的作用在於固定側板，使木桶不會散開。做爲長時間貯藏威士忌這種娛樂飲品的木桶，完全不可以使用接著劑和釘子。古時會在每片側板之間塞入香蒲的葉子或花穗以防漏，但現在已不這樣做了。以徑切法切割的板材如圖8－3(B)所示，由徑切面、弦切面、橫切面3個面構成。所以側板與威士忌接觸的是徑切面，相鄰側板之間緊密貼合的是弦切面（兩個弦切面緊密貼合的面稱爲「正直面」）。另外，鏡板是由木釘將板材彼此固定後拼成圓形，與威士忌接觸的面要經過燒烤炭化。組裝時，會在側板上刻出溝槽，並因應溝槽的大小細修鏡板邊緣，使鏡板可以緊密地嵌入側板溝槽中，以防止酒液從連接處滲漏。凹進去的溝槽稱爲「槽（groove）」，要嵌入溝槽的凸出部位稱

圖 8-5　負責貯藏的人員正在滾動裝填了威士忌原酒的木桶

爲「舌（tongue）」，兩者就像鑰匙與鎖孔的關係。總而言之，這些工法都是爲了將風乾後的徑切板材組成堅固、密實、不滲漏的木桶。

側板的中央，還會鑽開一個直徑5～6公分的小洞，稱爲「桶孔（bung hole）」。從這個洞注入新酒後，再用栓子塞緊，這個栓子就稱爲「桶塞（bung）」，通常會用具柔軟度的白楊木製成。

像這樣製造木桶的製桶匠，是只有無比正直的人才能擔當的職業。他們製造出能用上百年的威士忌桶，想像著這些專心致志的身影，不覺得很令人欣慰嗎？

做為「反應器」的作用

威士忌桶的形狀，對於威士忌原酒的熟陳也有很大的意義。

在貯藏的過程中，無時無刻都有水分和空氣往來於木桶的內外兩側，使得板材的成分一點一滴地分解、溶出到新酒中。這些板材溶出的物質與其他新酒內的成分，會在貯藏期間發生各種交互反應，逐漸邁向熟陳狀態。這就是貯藏期間發生在木桶裡的事，細節之後會再詳述。

由此可見，威士忌桶除了做爲容器這個理所當然的作用外，更扮演了關乎熟陳反應器（reactor）的重要角色。雖然是靜置的「容器」，「反應器」一詞卻給人動態的印象。

而這個動態的能量來源，在於每天的溫度和溼度變化，也在於四季交替的氣候變化。威士忌桶的側板處於被彎曲束緊的緊繃狀態，因此對外界的微妙變化十分敏感，板材時而收縮、時而膨脹，這些或許也都會傳達給桶中的威士忌。讓威士忌桶材經歷充分的自然風乾，並確實地彎曲束緊，對於木桶感知外界的細微變化並傳達到內部，是非常重要的事。

不可思議的「燒烤」作業

精心製作的木桶裝填新酒後，終於要進入長期的貯藏工程。不過在這之前，還

圖 8-6　正在燒烤的木桶

有一項不可或缺的步驟。那就是用火燒灼木桶的內側，稱爲「燒烤（Char）」，是製造威士忌時非常有意義的步驟（圖8－6）。

對威士忌來說，來自木桶的木頭香氣是不可或缺的，但氣味過重會使整體平衡失調，「被木桶打敗」了。因此需要將板材的表面烤焦，弱化木頭香氣。至於燒烤的強度，要考量不同威士忌的特性再決定。

以美國的波本威士忌爲例，法律規定必須使用全新板材製作的新桶，且爲容量180公升的波本橡木桶來貯藏。波本桶的容量小，故桶中的威士忌原酒與桶材接觸的面積較大，加上是以全新板材製作，木頭香氣益發強烈，這就是爲何木質香會是波本威士忌的特徵之一。但過重的木頭香氣，會破壞整體的協調性。因此，必須使用強度非常高的燒烤，來抑制木頭香氣從桶材裡釋出，貯藏的時間也相對較短（通常約莫

4年）。

透過燒烤作業，可以增加來自木桶的溶出物質和香氣成分。這同樣具有非常重大的意義，之後會詳述。

許多威士忌製造專家都認爲，燒烤的意義不僅止於抑制木頭香氣，或增添溶出物質和香氣成分，應該還有更多的作用。只不過究竟是什麼作用，現在還不清楚。

田納西威士忌的原酒會用糖楓木炭處理，稱爲糖楓木炭過濾法（Charcoal Mellowing）：俄羅斯人自古以來也知道，他們的「生命之水」伏特加，用白樺木炭過濾後就會變得滑順。威士忌桶也一樣，大家都知道用燒烤使桶材的表面炭化，會影響威士忌的滋味，只是不太明白其中道理。礦物質成分的組成也會顯著影響威士忌的味道，而燒烤會改變礦物質成分的量和狀態，或許這是原因之一，但也尚未確認。又或者像前面提過的，桶材表面做爲一種反應器，各種物質在此發生化學作用，故加以燒烤應該也有其意義，但想到這裡就更混亂了。最後只能說，雖然已知燒烤會對香味產生正面影響，但究其原因，充其量只知道一小部分而已。「雖然知道很重要，但不太清楚爲什麼」這樣的狀況世間所在多有，燒烤作業也是其中之一。

木桶的經歷與「第2人生」

選擇裝填新酒的木桶時，除了容量和形狀外，「經歷」也是一大重點。換言之，就是木桶已被使用過的次數。調酒師和酒窖管理員在慎重挑選最適合長期貯藏的木桶時，也會把這點納入考量。

如前所述，新桶由於木頭香氣和生木味太過強烈，不適合直接裝填麥芽威士忌，因此通常不會考慮。一般來說，麥芽威士忌多半會使用陳放過波本或雪莉酒的木桶，或曾經多次貯藏威士忌的木桶。使用過1次的木桶稱爲「首次裝填桶」，用過2次的木桶稱爲「二次裝填桶」。首次裝填和二次裝填的木桶，可以用來貯藏一般的威士忌原酒。用過3次的「三次裝填桶」，則主要用來貯藏穀物威士忌。「四次裝填桶」的木頭香氣已經比較難進入酒液中，故用於需長時間貯藏的原酒。

成爲「五次裝填桶」後，木桶本身已經十分疲乏，因此需要注入「活力」，這種作業稱爲「二次燒烤（Rechar）」，也就是再次燒烤木桶的內側。這種做法可以使木桶活化，以承受更多次的貯藏。當然，木桶是否可以繼續耐受反覆使用，會由調酒師個別判斷。

一般而言，一個木桶可以貯藏6至7次，平均總使用年數約爲70年。威士忌桶不僅相當勤奮，也十分長壽。

完成一輩子的工作後，解體的威士忌木桶，還有下一份工作在等著它。筆者現在愛用的杯墊，就是一塊10公分見方的威士忌木桶板材，可以直接觀察上面一條條的導管，十分享受。材質屬於密度高的櫟木類，拿起來沉甸甸的。3公分的厚度對杯墊來說相當大，恐怕也只有威士忌這樣的酒能與之相配了。注入威士忌和冰塊的廣口酒杯，與桶材杯墊的組合既高雅又純粹，也有十足存在感，光看就賞心悅目。

現在的技術，已經可以透過在熱水下加壓，將解體後的桶材恢復成筆直狀態。拜此技術所賜，桶材也得以再生成爲昂貴的家具或木地板材。此外，製作木桶時被淘汰的板材，也可以轉做家具用的材料。筆者曾造訪新潟縣一間氣氛很棒的酒吧，牆壁就是用桶材建成的。桶材在結束長年的威士忌貯藏任務後，又再次有了新的生命，對此心生敬畏的，應該不只有筆者我吧？

第9章

貯藏的科學

與環境對話的威士忌

占據99%以上時間的工程

散發粗曠風味的新酒，滾滾傾瀉入桶。木桶宛如包容嬰兒的母親，從容地讓自己逐漸被充滿後，和其他木桶一同運入酒窖。接著，便集體陷入長眠（圖9－1）。

威士忌的原型取決於新酒，但從製麥到蒸餾產出新酒，所花時間尚不足1個月。之後的貯藏時間，才是壓倒性地漫長。以10年的威士忌來說，貯藏就占了99%以上的時間。

貯藏會增進威士忌的品質，這一點已是普遍認知。因此人們才會願意花費這麼多時間，僅僅只是在一旁等待。在這個「等待」變得愈來愈困難的時代，威士忌製程中的貯藏工程，已經是相當罕見的作業了。正因爲罕見，更讓人好奇威士忌究竟在期間發生了什麼事。首先就來仔細瞧瞧，乍看沒什麼動靜的木桶和原酒，到底產生了什麼變化。

圖 9-1　正在注入木桶的新酒（左），以及運往酒窖的新酒（右）

從木桶中蒸散的原酒與滲入木桶的原酒

作家山口瞳在其著作中，提及適合威士忌貯藏的環境。

「是寒冷之地，也是潮溼之地。似乎就要放晴時，又忽地降下冷雨。這便是貯藏威士忌最理想的條件。」

這段話，確實精準描述了貯藏威士忌的條件。氣溫不會太高、溼度高、空氣清澈的環境，最適合做爲酒窖。必須有四季分明的氣候，且具適度的溫度及溼度變化。氣溫過高，會增加原酒的散逸量（蒸散量），過於乾燥則木桶容易龜裂。再來，考慮到木桶會呼吸，環境空氣也必須乾淨澄澈。

裝填好新酒的木桶，就會在符合這些條件的

酒窖裡靜置陳放（圖9－2）。如前章所述，威士忌桶使用的橡木材，也是在酒窖附近的大自然裡慢慢風乾的，因此木桶很能適應環境的變化。

基本上，威士忌木桶都是以橫向擺放貯藏。擺放木桶的方式分爲兩種，第一種做法是在地上鋪設木製軌道，將木桶一一擺放在木軌上，接著上方再鋪一層木軌，繼續將木桶堆疊上去的「鋪地式（Dunnage）」；第二種做法是在酒窖裡架設數層分隔層架，讓木桶擺入其中的「層架式（Rack）」。鋪地式的堆疊方式，木桶頂多只能疊3到4層，層架式則動輒是10層以上的高層酒窖。

不過以加拿大威士忌來說，還有第三種做法：將木桶並排直放，上方鋪木板，再將木桶往上堆疊的「卡板式（Pallets）」。比起橫向擺放，這種方式比較節省空間，可以貯藏更大量的木桶，但側板的負擔較大，易發生「漏液」現象。

在漫長的貯藏期間，木桶眞的是在密閉容器裡進行各種作用的嗎？筆者針對僅以15片鏡板和35~36片側板組成的邦穹桶，提出了這個單純的疑問。於是，筆者使用具備圖8－3(B)所示的3個切面(徑切面、弦切面、橫切面)的木桶板材，製作了只留下其中一個切面、其餘皆完全密閉封起的容器(密閉容器)，注入酒精溶液後，從各個面測量酒精溶液的蒸散量。實驗結果顯示，最容易發生蒸散作用的，確實是可看見導管開口的橫

圖 9-2　山梨縣的三得利白州蒸餾所全景（上），以及其酒窖中靜置的威士忌木桶（下）

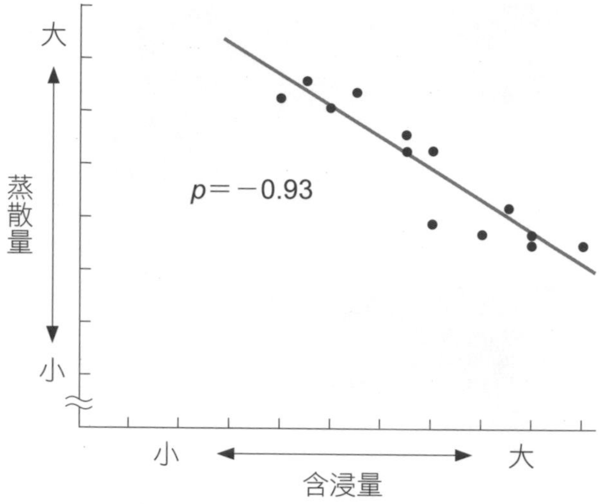

圖9-3　貯藏中由木桶散逸出來的原酒蒸散量，和滲入木桶的原酒含浸量之間的關係

切面，再來是可看見髓射線開口的弦切面，而最不易蒸散的，是導管和髓射線開口兩者皆無的徑切面。除此之外，即便測試同樣切面的蒸散效果，不同板材之間的蒸散量也有差別，蒸散量愈多，溶液滲入板材的量（含浸量）就愈多。

根據上述實驗結果，筆者認爲，如果木桶在實際貯藏時要起到密閉效果，則從木桶散逸出來的原酒蒸散量，以及原酒滲入桶材的含浸量，兩者之間應該存在固定的關聯，於是便前往作業現場調查。當時與筆者同行的，是現在國際知名的三得利前首席調酒師輿水精一先生，眞是令人懷念的一次研究經驗。

對於在一定環境下貯藏8年的13個木桶進行調查後，發現威士忌原酒從木桶散逸的蒸散量，與其滲入木桶的含浸量之間，呈現漂亮的線性關係（圖9－3）。然而，蒸散量愈多，含浸量卻是愈少，和筆者在實驗室進行的密閉容器測定結果完全相反。這表示當原酒以木桶貯藏時，穿過桶材蒸散的原酒量較少，多數都是從兩片桶材的貼合面（正直面）蒸散出去的。另外，含浸量多的木桶，其桶材也較爲膨潤，正直面緊密貼合的程度較高，因此壓低了蒸散量。

這樣看來，都選原酒容易滲入的板材來做木桶不就好了？但是，即便是乾溼程度相同的桶材，原酒的含浸量還是會受到桶材的比重、年輪寬度、塡充體發達程度、桶材內自由水與結合水的比例及分布等差別所影響，這些性質都是每片桶材與生俱來的，因此某種程度上，我們也只能接受這些差異。

無論如何，我們都能充分理解到，這些由工匠一視同仁、精心製造出來的木桶，是處在桶材愈膨潤則正直面貼合度愈高的緊繃狀態。而容器中的原酒，就是處在這樣的緊繃狀態下的木桶中，因應環境的變化緩緩蒸散，也緩緩滲入桶材。對於兢兢業業的製桶匠們，以及謹愼管理並守護著裝滿原酒的木桶的人們，筆者內心再次充滿敬意。

木桶會呼吸

木桶裡的威士忌原酒，會受到溫度和溼度等外界的變化影響，伴隨四季的更迭，以木桶為媒介和外界對話。

例如，由初夏至入秋時，隨著氣溫上升，威士忌原酒的容量也會增加。雖然木桶也會伴隨氣溫上升而膨脹，但還比不上原酒增加的程度。因此，氣體在木桶中所能占據的體積會變小，使氣體被壓縮，造成桶內氣壓對比外界氣壓相對上升（正壓狀態）。最後的結果，就是使乙醇和其他低沸點成分向桶外蒸散。

另一方面，在晚秋至初春時節，隨著氣溫下降，原酒的容量會收縮。雖然木桶也會收縮，但還比不上原酒收縮的程度，因此氣體在木桶中的體積增加，桶內氣壓相對下降（負壓狀態），就會將外界的空氣往桶內吸收。

由此可知，伴隨溫度的高低波動，威士忌原酒會吸進空氣（氧氣）也會吐出乙醇等低沸點成分，因此，自古便有「木桶會呼吸」這樣的說法。若要將微妙的氣溫變化確實傳達給原酒，就必須使用充分自然風乾的板材，細心地製作木桶才行。就算是只有一點「滲漏」的木桶，或是對外界變化遲鈍的木桶（也就是不夠乾燥的木桶），都不適合用來貯藏威士忌原酒。附帶一提，原酒完成貯藏後即可出桶，如果在冬天，拔起桶栓時會聽到「咻」地一聲，就是空氣被吸進去的聲音，表示桶內處於負壓狀態。

此外，木桶的呼吸，也必定和桶材成分的溶出有關。當桶內處於正壓狀態時，原酒滲入桶材的現象會特別旺盛；而部分滲入桶材中的原酒，就會在負壓狀態時和桶材成分一同溶出、回到酒液中。

筆者個人認爲，除了四季氣候的變化，每天早晚的氣溫起伏，應該也會造成一樣的微妙影響，和原酒進行著細微的悄聲對話。

天使的分享

威士忌木桶會透過「呼吸」將乙醇等低沸點成分蒸散出去，其蒸散量會因酒窖所在地區的氣候風土而異，不過通常第一年約有2～4％，之後大約每年1～3％。無論木桶做得多緊密，都無法避免這部分的散失，也是讓威士忌充分熟陳必須接受的損失。於是自古以來，人們便將這個蒸散量稱爲「天使的分享」。以480公升的木桶爲例，原酒在第一年會蒸散10～20公升，之後大約每年會蒸散5～15公升。天使眞的非常喜歡喝酒呢！

那麼，爲什麼要充分熟陳，就必須「分享」給天使呢？

透過蒸散作用逸出桶外的主要是乙醇，但也包括其他低沸點成分。特別是貯藏初期，必須讓不討喜的未熟陳氣味蒸散出去，才有利於熟陳。舉例來說，剛蒸餾好的新酒中的硫磺類化合物，是一種有損威士忌香氣的成分。這類未熟陳氣味，會藉由木桶的呼吸揮發、蒸散出去。起初還像隻暴躁烈馬的粗曠新酒，隨著蒸散逐漸冷靜下來，終成爲品格高尙的威士忌原酒。換言之，將新酒「分享」給天使後，天使就會將烈馬般的新酒培養成品格高尙的威士忌。看來，天使也是厲害的教育家呢。

另一方面，和蒸散相反，空氣從桶外進入桶內，相當於呼吸中「吸氣」作用的現象，也是熟陳時必不可少的。

空氣進入木桶後，氧氣會溶於原酒中。溶解的氧氣會在接下來的漫長時光裡，逐步促進原酒的氧化反應。威士忌在貯藏期間會發生許多化學反應，生成各式各樣的成分，逐漸邁向熟陳狀態。而促成熟陳反應的契機，就是從乙醇等諸多威士忌成分的氧化開始。另外，熟陳威士忌之所以會變成琥珀色，氧氣也是必要的因素。因此，氧氣隨著木桶的呼吸緩緩溶入原酒，對於熟陳是非常重要的。詳情會在第Ⅲ部「熟陳的科學」中進一步說明。

綜上所述，新酒要熟陳爲高品質的威士忌原酒，威士忌木桶的呼吸是不可或缺的。

水分也會進出木桶

除了空氣之外，水分也會在木桶內外進出。乙醇等低沸點成分一旦蒸散，幾乎不會再回到木桶裡。但水分既會蒸散出去，也會穿過板材回到桶中。水分的活動，左右於貯藏所的溼度。在溼度低的乾燥時節（主要爲冬天），水分會從木桶蒸散。但從梅雨季到夏天的潮溼季節，外界的水分就會進入木桶。

剛裝塡入桶的新酒，乙醇濃度約爲60％，這點已在第7章提過。不過，當漫長的貯藏結束時，乙醇濃度一定不會是60％。貯藏結束時的乙醇濃度，取決於貯藏期間乙醇和水分蒸散量的平衡。貯藏期間，如果乙醇的蒸散量和水的蒸散量達成平衡，乙醇濃度差不多就是60％，但如果乙醇的蒸散量比水的蒸散量多，或進入桶中的水分比較多時，在威士忌原酒中，乙醇對水的比值就會變小，因此乙醇濃度就會低於60％。

也有很小的機率，貯藏後的威士忌乙醇濃度會比貯藏前高。這是因爲威士忌木桶放置的環境溼度相對較高，而且較爲乾燥。換言之，就是水的蒸散量遠比乙醇蒸散量多上許多，相對地，使原酒中乙醇對水的比值變大，乙醇濃度就會變高。從前曾有酒窖管理員誤以爲這樣是賺到了，其實並非如此。就算乙醇濃度變高，該蒸散的乙醇還是會蒸散，這點並沒有改變。天使可沒有這麼好應付。

再深入說明，水分的活動可以用「水活性」做爲指標。水活性會受到水中共存的其他物質所影響，例如當水中有鹽分或糖分時，水分活動會受到抑制，水活性下降。鹽漬物和果醬之所以比較不會腐壞，就是因爲水活性很低，微生物難以利用水分所致。

當水分完全不受其他物質束縛時，其水活性值爲1，水分完全無法活動時則爲0。冰的水分子雖然可以稍微活動，但水活性趨近於0。乙醇濃度60％的新酒，水活性值約爲0．72。由此顯示，乙醇限制了水分的活動（圖9－4）。

而水的蒸散量，則由水活性和所在環境的相對溼度來決定。水活性值爲0．72，代表相對溼度爲72％時，空氣與水分的活動程度是相同的。因此，一桶水活性值爲0．72的威士忌原酒，若所在環境的相對溼度比72％低，也就是處於較乾燥的狀態，則威士忌原酒中的水分就會蒸散；若相對溼度比72％高，則外界的水分就會反向進入

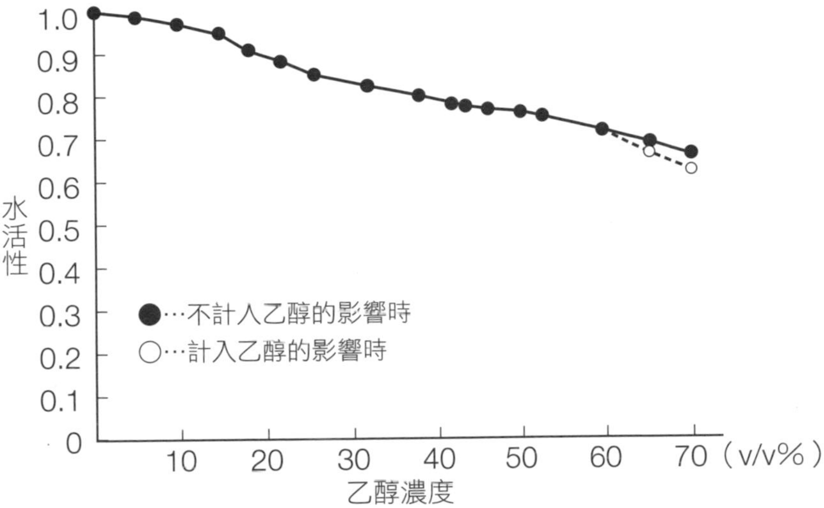

圖 9-4　乙醇溶液的水活性

威士忌原酒中。一直以來，酒窖的環境都設定在70%至80%的「潮溼」狀態，應該就是因爲在這個溼度範圍內，水分和乙醇的蒸散量達到平衡，貯藏後的乙醇濃度才不會有太大變化吧。

上述的乙醇和水的容量平衡變化，會影響橡木桶材中的物質溶出的活性，也會影響原酒的成分彼此相互反應時的反應條件，和威士忌最後的品質與個性大有關聯，這部分之後也會詳述。

綜上所述，細微的溫度與相對溼度的變化，會促進木桶的呼吸和水分的進出，讓威士忌變得更有魅力。爲了讓木桶對溫度與溼度有靈敏的反應，首先必須讓木桶與周圍的環境同化才行。舉例來說，如果木桶風乾不夠徹底，板材裡的水分就會比木桶內部先和環境發生對話，外界環境的變化就無法順利傳達給威士忌原酒。由此可知，製作木桶時，在酒窖附近的自然環境中「乾涸板材」是很重要的。

「環境」也會影響個性

「威士忌原酒的個性，是愈多樣化愈好。如果碰上特殊的原酒，就格外令人愉快。」這句話出自一位我所尊敬的調酒師。調酒師在調和威士忌時，用來混合的各種威士忌原酒，就像畫家作畫時的顏料。使用的威士忌原酒愈多樣化，當它們調和為一個完整的製品時，就能成為具有深度層次的威士忌（圖9－5）。

從前面的章節已經了解，威士忌的個性取決於新酒和木桶的個性。新酒的個性由製麥至蒸餾的工程所決定，木桶的個性則由板材品質、容量和木桶經歷所左右。這些因素的交織下，形成威士忌豐富多樣的個性。

現在，還要加上一個由貯藏環境決定的個性。如各位所知，貯藏環境的差異，就是溫度和溼度的差異。以美國威士忌來說，因為貯藏環境的氣候條件相對較熱、較乾，水的蒸散作用會比乙醇大。因此貯藏後的威士忌，乙醇濃度經常會比貯藏前高；另一方面，蘇格蘭和日本威士忌所處環境的溼度相對較高，乙醇濃度通常會隨貯藏時間緩慢下降。

在同樣一個酒窖中，也有環境的差異。一般來說，酒窖下層的溫度變化較少，溼度較高；而上層的溫度變化較大，也相對乾燥。特別是那種會把木桶疊到10層以上的層架式酒窖，最下層和最上層的環境狀態差異甚大，即使是熟陳同一批新酒，貯藏後的原酒品質也會大不相同。雖然放在同一個酒窖，卻因堆疊高度而產生「垂直差異」，其影響程度不亞於因酒窖所在地區的環境不同而產生的「橫向差異」，賦予威士忌更多樣的風貌，相當有意思。

圖 9-5　調酒室的品飲間裡陳列著調和用的原酒

除此之外，如果酒窖所在的環境具有某種極端的特色，長時間下來，也會將該特色融入威士忌原酒中。例如艾雷島的酒窖一律面海而建，原酒受其影響，也都帶有隱約的潮氣和海水碘味。

「傾聽」木桶的人

如果要我舉出3個「既安靜又清潔的地方」，其中一個就會是威士忌酒窖。沒有什麼地方，會比沉眠著大量木桶的威士忌酒窖安靜清潔了。這樣靜謐的酒窖，不時也會迎來各式各樣的探訪者。

酒窖的管理員，會來確認酒窖是否維持安靜清潔。調酒師們，會來確認威士忌原酒是否順利成長。製桶匠們，會來確認木桶是否有漏液。說是漏液，通常不會是滾滾流出的漏液，而是指那種肉眼難以察覺、原酒一點一滴滲出木桶的漏液狀態。爲了發現這些外行人完全看不見的漏液，製桶匠們會定期造訪酒窖，用木槌一個個敲打木桶。只要聆聽敲打鏡板的聲音，他們就會知道木桶裡的液體容量。如果有漏液狀態，內部液體會大量減少，敲打木桶的聲音就會比較清脆。一旦發現敲打聲頻率較高的木桶，他們就會找出滲漏處，並進行修補作業。因爲有這樣的定期追蹤，木桶才能更加長壽。

第III部 熟陳的科學

WHISKY DISTILLERY
№FIZ8025
GRAIN WHISKY
1991
SUNGRAIN
WHISKY DISTILLERY
№FIZ8004
GRAIN WHISKY
1991
SUNGRAIN
WHISKY DISTILLERY
№FIZ8003
GRAIN WHISKY
1991
SUNGRAIN

第10章

「香氣」的構造

新酒成分所創造的熟陳香氣

木桶的小宇宙

第II部以威士忌的少年時代爲中心，介紹了其自誕生到入桶沉眠的過程。直到下回睜開雙眼前，少年還必須經歷驚人的悠長時光。經過這段時間，宛如年輕武士粗獷勇猛的少年，終將轉變爲擁有美德修養的成年人。引頸期盼的人們，只能靜靜等待。

期盼著某件事而等待，可說是相當知性的行爲。若要「期盼某事」，就必須發揮想像力。「等待」，則必須穩住自己，壓抑想行動的衝動才行。況且以「等待」的時間來說，威士忌的等待期可不是普通的長。短則6～7年，一般爲8至12年，長一點會到12年以上，更長甚至會到18至25年。人們對未來成品的想像，也會隨之膨脹吧！想當然爾，心中不免也會冒出一個單純的好奇——爲什麼等待可以讓威士忌變好喝？

從8世紀到13世紀，在威士忌的領軍下，諸多「生命之水」蒸餾酒先後誕生。到了18世紀，人們偶然發現，用木桶長時間貯藏後，威士忌會變好喝。在貯藏過程中，會發生讓品質大幅提升的「熟陳」現象，這點現在已廣爲人知。然而，究竟爲何熟陳會有這樣的奇效，現在還無法完全理解。

科學家目前認爲，熟陳的效果包括下列幾項：

1. 未熟陳成分的蒸散。
2. 桶材成分的分解與溶出。
3. 各種成分之間的反應。
4. 乙醇與水的狀態變化。

但關於這些現象，人們具體了解的部分其實意外地少。更不用說這些現象和香味有何關聯，要以科學揭曉全貌還很困難。威士忌木桶中，儼然還存在另一個宇宙。

然而即便如此，不，應該說正因爲如此，人們才會被熟陳現象的魅力吸引，前仆後繼投入研究。人們是不是直到接觸了高酒精濃度的蒸餾酒後，才開始好奇「酒精的味道是什麼呢？」學會木桶貯藏的技術後，又湧出更多疑問：「爲什麼貯藏久了就會變好喝？」「要怎麼做才會更好喝呢？」就算不在意威士忌是否好喝，這些疑問也是很有趣的基本科學問題。

從本章開始，就來一窺發生在木桶這個「小宇宙」中的故事，一邊探索這些問題的答案吧！

熟陳過程的概要

首先就來概略地介紹，隨著貯藏年數增加，木桶裡的威士忌品質會發生什麼變化。圖10－1表示威士忌原酒在熟陳時，其色調和主要成分群的常見變化趨勢。色調、總固形物含量、單寧等屬於木桶溶出的物質，會以逐漸趨緩的速度持續增加；而在貯藏中因熟陳反應而生成的酯類和醛類成分，則以穩定的速度增加中。另外，以乙酸爲主的酸類成分，初期爲木桶溶出的物質，之後則主要由熟陳反應生成。

起初在貯藏半年後，新酒會變成淡黃色，乙醇強烈而具刺激性的氣味也不明顯。經過2、3年後，淡黃色變成黃褐色，同時也出現了熟陳的香氣。在這個熟陳的初期階段，蒸散作用較強，品質也會產生大幅變化。不過自此之後，便會以穩定的速度持續熟陳，芳香的氣息也會逐漸變強。熟陳進展的狀況，因新酒個性、木桶特性和貯藏環境等會有所不同，但一般到10～12年左右就已確實熟陳，品質也很好了。

之後是否要繼續提升品質，似乎取決於個別木桶的原酒狀況。大部分的原酒，在大約10～12年後品質就不會再提升了。鑑定這桶原酒放著還會不會繼續熟陳，是調酒師非常重要的任務。他們會細細品飲每一桶原酒，區分出哪些原酒可以結束貯藏，哪些則還能繼續貯藏、繼續熟陳下去。

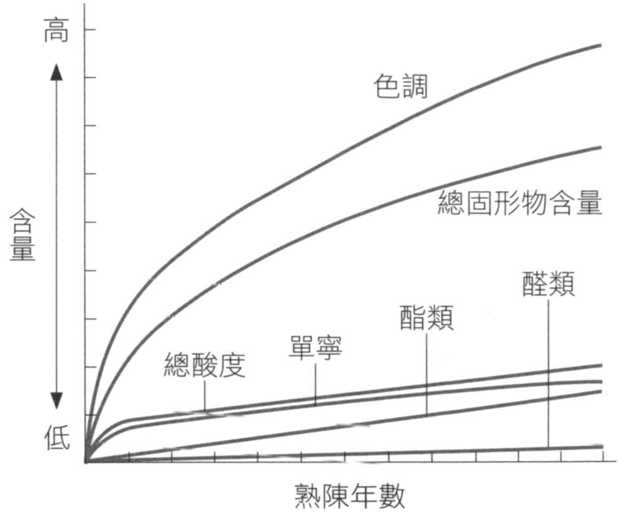

圖 10-1　威士忌原酒在熟陳中的變化

例如一桶「18年」的原酒，並不是光依照製作者的管理方針才貯藏18年的，而是其品質在18年間不斷提升的結果，這才是這桶酒的珍貴之處。因此，一款18年的商品，與其說從一開始想著要「把這桶原酒做成18年的商品吧」，更多的想法其實是「這桶原酒的品質已經連續18年都在進步，這麼珍貴就做成商品吧。」遑論可以貯藏到「25年」「30年」的原酒，眞的非常稀有。

β-大馬士革酮具「玫瑰香」

筆者尊敬的西村驥一博士等諸位前輩，將１００多種威士忌成分分離、提煉後，確定了這些成分的化學構造，其中也包括新發現的物質。不過，威士忌含有數千種成分，因此，這些也只是冰山一角而已。威士忌是一個由多種物質相互協調、共存的社會。

威士忌裡的成分，大致可分爲新酒本身的成分，以及木桶溶出的成分。

新酒本身的成分，來自製麥、糖化、發酵、蒸餾到貯藏各階段中產生的物質，這些工程中花費的諸多用心，也是爲了讓酒汁蒸餾後可以產生這些成分。

另一方面，由木桶溶出的成分，則包括貯藏時由木桶的橡木板材中緩緩溶進威士忌的成分，以及這些成分進一步轉變、相互反應而生成的物質。畢竟貯藏時間很長，這類物質的種類也極爲多樣化。

新酒的成分，是蒸餾過程中蒸發後回收的物質，因此自然就以酒汁中容易揮發的成分爲主。占最多比例的是乙醇和水，不過依然存在多種微量的易揮發低沸點成分（揮發性物質）。

關於新酒中的香氣成分，前面已在製造威士忌的各項工程中提及，這邊再溫習一次吧。

如圖10－2所示，香氣成分中的主要物質包括帶有醛基（-CHO）的醛類、帶有羥基（-OH）的醇類、帶有羧基（-COOH）的羧酸，以及帶有酯鍵（-CO-O-）的酯類等。這些是經發酵生成的新酒基本成分，不過也會任熟陳反應中增加。含有揮發性硫磺的酯類物質，也有少量會經由發酵產生。這些成分的嗅覺閾值低，具有特殊的味道，是威士忌裡重要的氣味成分。

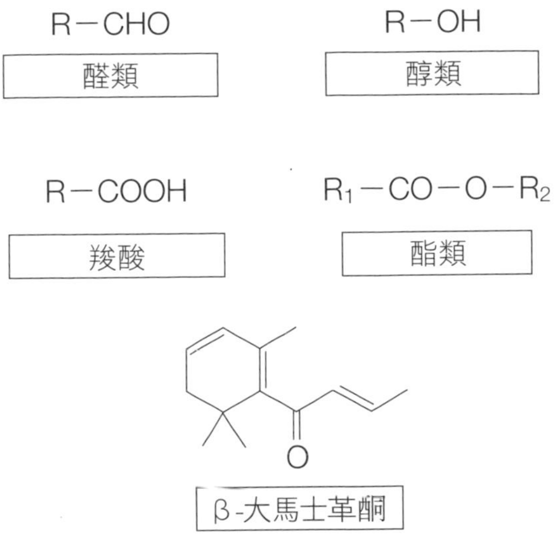

圖 10-2　新酒中的主要成分

另外還有一群芳香分子，是由麥芽等原料在加熱、烘乾時產生的，也就是所謂「令人愉快的穀物香氣」。尤其以泥煤煙燻麥芽時產生的氣味非常特殊，是賦予威士忌特色的重要氣味。前面已經提過，這些都屬於酚類化合物。

用銅製的壺式蒸餾器蒸餾，會對威士忌成分產生很大的影響。硫化氫等硫醇化合物會與銅結合而減少；另一方面，屬脂肪族化合物的乙酯類則會增加。此外，透過加熱時糖與胺基酸的反應（梅納反應），會產生特殊的芳香分子，酵母菌體分解也會產生酵母味。還有被認爲帶有「玫瑰香」，具華麗香氣的β-大馬士革酮也在此生成。以上這些也是嗅覺閾値低（0．01 ppm）的重要芳香分子。

再來還有「泡沫效果」，會讓原本不該被蒸餾出來的高沸點成分進入新酒中。如上所述，新酒雖然是無色的液體，卻仍帶有些許濁度和特殊的氣味，已然散發著獨特的個性。

相較於新酒本身的成分多爲這些低沸點的揮發性物質，木桶溶出的成分則同時含有揮發成分，以及不易揮發的高沸點成分（不揮發物質），而且皆是新酒中沒有的物質。揮發性物質主要與氣味有關，不揮發物質主要與味道有關。木桶溶出成分在貯藏階段的變化，將在下一章詳述。

來自新酒本身的成分，在貯藏期間的絕對量是不會增加的。不過如同前章所述，由於原酒有蒸散作用，這些成分的濃度還是會有所增減。舉例來說，如果在木桶的呼吸下每年蒸散掉2％的「天使的分享」，那麼10年後原酒的容量就會減少大約20％。蒸散掉的成分多爲水和乙醇，不過比乙醇更容易揮發的低沸點揮發性物質，會因蒸散量多而變得稀薄。反之，較難揮發的中沸點或高沸點成分就會濃縮。因此，各成分的比例會在貯藏期間發生複雜的變化。這些物質含量的平衡變化，推測或許是促進化學反應、生成熟陳香氣的原因之一。

那麼接著就來看看，新酒的成分在木桶中會發生什麼事吧。

「氧化」「縮醛化」「酯化」

在熟陳過程中，新酒成分會發生的化學反應，目前已知有3種：氧化反應、縮醛化反應和酯化反應。

氧化反應，是外界的空氣隨著木桶呼吸進入原酒中溶解，空氣中的氧分子將原酒的部分成分慢慢氧化的反應。

在氧化反應中，最重要的是原酒主成分乙醇的氧化。乙醇氧化後，會變成乙醛或乙酸。乙醛又會和乙醇反應，變成一種叫縮醛的芳香分子。這就是縮醛化。

縮醛是醛類等分子與醇類縮合後的化合物總稱，威士忌原酒中的縮醛，以乙醇與醛類縮合的產物（二乙氧乙烷）含量最多。另外，還有分子量比乙醇大的雜醇油和乙醛反應生成的乙縮醛。根據研究報告，縮醛的含量會在5年的貯藏期間增加4倍。

此外，帶有羥基的乙醇（C_2H_5OH）和帶有羧基（-COOH）的羧酸共存時，會失去水分子（脫水縮合）而生成酯類成分，這就是酯化反應。酯類是醇類和脂肪酸發生脫水縮合後生成的化合物總稱，威士忌中的酯類，以乙醇和乙酸縮合產生的乙酸乙酯含量最多（圖10－3）。

如上所述，木桶的呼吸會使外界空氣進入桶中，依序引發氧化→縮醛化、酯化反應。

在新酒中，除了分子鏈比乙醇長的異戊醇（$C_5H_{11}OH$）等高級醇類，和有8個碳原子和苯環的苯乙醇之外，還包括各種醇類與乙酸反應生成的酯類（乙酸酯）。還有己酸（$C_5H_{11}COOH$）、辛酸（$C_7H_{15}COOH$）、月桂酸（$C_{11}H_{23}COOH$）等碳分子鏈較長的脂肪酸各自與乙醇反應生成的酯類（乙酯），也存在於新酒中。長鏈的醇類和脂肪酸，主要是由酵母菌分解代謝胺基酸而產生的。

在貯藏期間，酯類物質的總含量會慢慢增加，但並非每一種酯類物質都是變多的。以醇類來說，碳原子數目在5以上的雜醇油的乙酸酯會減少，而乙酯會增加；以脂肪酸來說，碳原子數目在10以下的脂肪酸的乙酯會增加，但比這更大的脂肪酸的乙

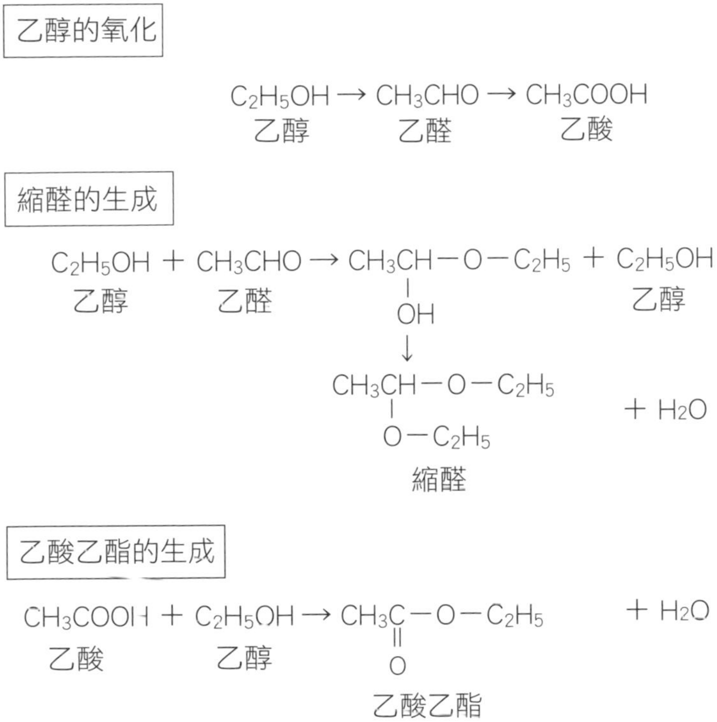

圖 10-3　氧化、縮醛化、酯化各反應

酯則會減少。由此可推測，各種酯類物質之間會發生交換反應，使得原酒中的脂肪酸結構與醇類結構，會轉移給碳原子數目較多的高分子化合物（圖10－4）。

而轉移到低分子化合物的酯類物質，會賦予威士忌清爽的香氣和果實般的豐沛熟陳香，也就是「花果酯香」。熟陳香氣的變化，不僅僅因爲芳香分子增加，這些分子的結構變化也是一大主因。熟

●貯藏期間，酯類物質的總含量會增加
●貯藏期間，酯類物質之間會發生結構交換重組的現象

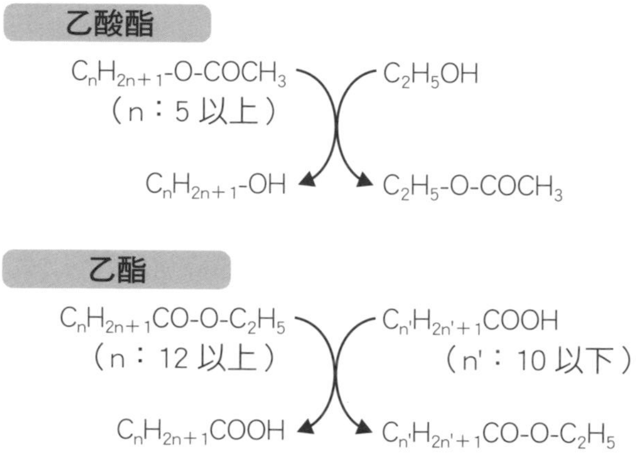

圖 10-4　威士忌貯藏期間酯類物質的變化

陳反應，可沒有這麼單純。

貯藏過程中，含量增加最多的是乙酸乙酯，研究報告指出其可以在熟陳的4年內增加4倍。這是因爲除了乙醇氧化會生成乙酸外，木桶板材中也含有許多乙酸基，這些成分會在貯藏初期溶出，促進了乙酸乙酯的生成。

酯化反應是酸和醇結合後生成酯類和水的反應，反過來看，就是酯類吸收水分子後分解爲酸和醇的反應，即水解反應。在威士忌的熟陳中，這種反應是不樂見的。桶中的威士忌原酒會往酯化反應發展，還是往水解反應發展，取決於相關物質的濃度平衡以及水活性。水活性是水分子活動難易度的指標，如前章所述，威士忌原酒的水活性被抑制在0．72左右（圖9－4）。貯藏中的威士忌原酒之所以會往酯化反應發展，推測是因爲原酒中的水活性受抑制，故不容易發生水解反應。

逐漸消失的未熟陳氣味

在威士忌中，屬於硫磺化合物的硫化物（sulfide）帶有不討喜的臭味，是不受歡迎成分的首要戰犯。不過第7章曾提過，在蒸餾過程中，許多硫化物會與壺式蒸餾器的銅壁結合，故不會進入新酒中。因此，銅製的壺式蒸餾器的消耗極快，必須定期更新。

雖說如此，其中仍有一些漏網之魚，這些硫化物不會和壺式蒸餾器結合，跑到了新酒中，這就是前一章也提過的「未熟陳氣味」。

其中最爲人所知的，是二甲基硫、二甲基二硫和二甲基三硫。甲基和硫磺的結合物，可想而知會有多臭了。例如二甲基二硫，就是大蒜的臭味成分。

不過，這些物質會在貯藏期間氧化而減弱臭味，或連同乙醇一起蒸散，從威士忌中消失。舉例來說，微量的二甲基硫即會造成生菜般的生青臭味，但氧化後就會變成無臭的二甲基亞碸（圖10－5）。和乙醇的氧化一樣，硫磺物質的氧化也是與進入木桶的氧氣反應的結果。芳香分子增加的同時，令人不快的氣味會消失，這也是貯藏的熟陳效果之一。此外，期間若有木桶溶出成分共存，也會加快氧化速度。

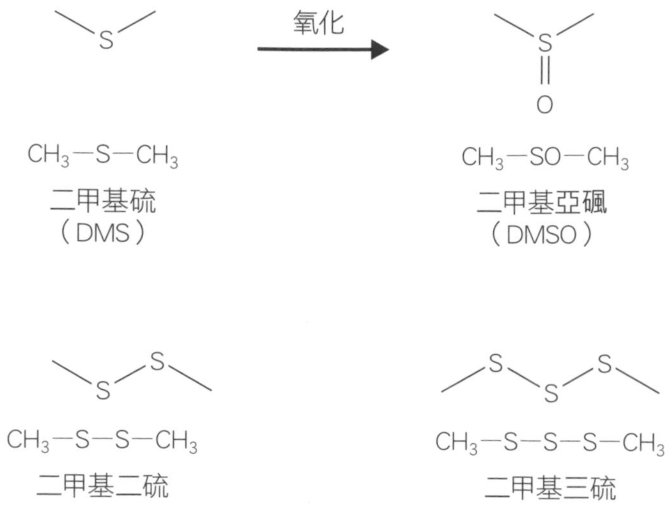

圖 10-5　未熟陳氣味的二甲基硫的氧化。二甲基二硫和二甲基三硫也會以相同方式被氧化。

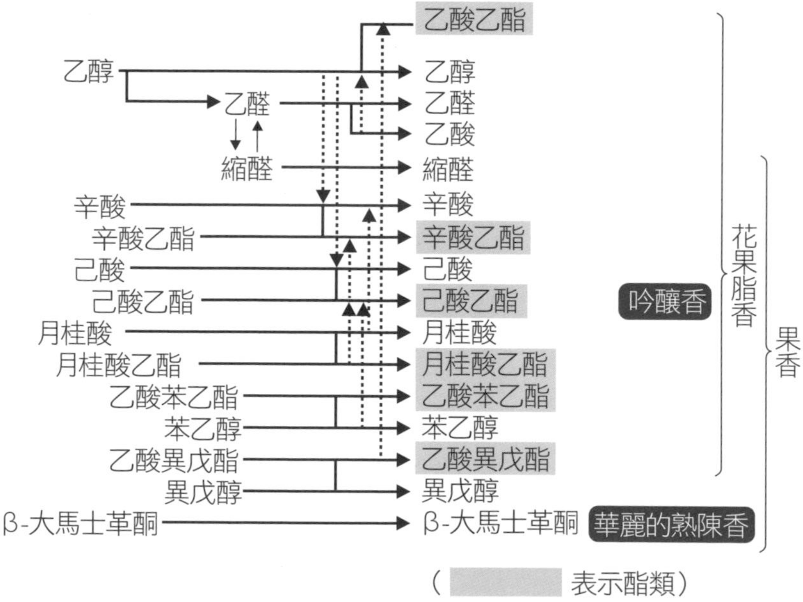

圖 10-6　熟陳中的主要新酒成分之變化

從圖10－6的整理圖中，可以看到新酒的主要成分在貯藏期間會如何變化，並對香味造成何種影響。酯類物質的總含量會增加，並同時轉移到低分子化合物上，醇類物質則會轉移到高分子化合物上，最終賦予威士忌清爽的「花果酯香」和β-大馬士革酮的果實熟陳香（果香）。

第11章

溶解的木桶

驚人的木桶溶出物質與乙醇濃度

變化的小宇宙

在木桶這個小宇宙裡上演的戲劇，終於漸入佳境，來到木桶溶出物質在貯藏期間的變化了。

這齣好戲，是必須集齊個性獨特的「新酒」、精心製作的「木桶」和在乾淨環境下每天的「呼吸」等諸多背景後，才可能展開的群像劇。衆角色會以小宇宙爲舞台，各自擔起自己的任務並逐漸變化。同時，小宇宙本身也會從粗曠剽悍的世界，轉變爲充滿迷人芳香的圓融世界。

在本章中，原本只扮演「容器」和「反應器」角色的木桶，會讓讀者見識到驚奇的全新面貌，還有新酒的乙醇濃度設定的數值是如何絕妙，堪稱「神配方」。

大量的木桶溶出物質

在威士忌製造現場工作的人，會用「在木桶中沉睡」來形容將新酒放進木桶貯藏的作業。不過各位應該已經知道，威士忌在沉睡期間依然相當忙碌。如同在前一章所看到的，在貯藏期間，新酒中的成分也會反覆進行連鎖反應，生成各種產物。

不僅如此，更複雜的是，乍看只是原酒的「搖籃」的木桶，其實會溶出意外大量且多樣化的物質，參與各式各樣的反應。

以貯藏12至18年的麥芽威士忌爲例，自木桶溶出的高沸點（不揮發）成分濃度爲2500～3500ppm，此爲已知事實。若在容量約480公升的邦穹桶或雪莉桶中，注入400公升的威士忌原酒，（考慮到調和作業需要加水）則成爲商品的威士忌容量大約會是560公升。因此，實際上有將近1.4～2公斤的木桶板材物質溶出到威士忌原酒中。貯藏期間，木桶中竟會溶出這麼大量的不揮發物質。

除此之外，木桶還會溶出多種低沸點成分，成爲香氣的來源。雖然以量來說只占少部分，但低沸點成分容易揮發，即使微量也能充分刺激嗅覺。

從威士忌的「顏色」來看，就更能明確了解木桶會在貯藏期間溶出各種物質的事實。

剛蒸餾出來的新酒是無色透明的。在最初的1～2年會急遽賦色，之後則緩慢逐漸增加色度（威士忌趨近黃褐色的程度），這正是因爲木桶物質溶入其中的緣故。此外，色調也會隨時間由淡黃色變成黃褐色，再變成明亮耀眼的琥珀色，最後則呈現偏紅色調。完全熟陳的威士忌，和「琥珀色」一詞十分相配。

進一步補充，進入木桶的氧氣也是使色調變化不可或缺的存在。如果貯藏期間的氧氣浸透不完全，威士忌原酒會變成汙濁的黑色，無法成爲明亮的飽和琥珀色。前章已提過，經由木桶的呼吸進入其中的氧氣，會促進乙醇等物質的氧化反應，但賦予威士忌琥珀色的貢獻更大。由此可見，木桶將環境的細微變化傳達給威士忌是多麼重要了。

萃取和醇解

接著就來詳細看看，由木桶溶出的物質有哪些，又扮演了哪些角色吧。

板材的成分從木桶溶出後，會透過2種模式溶入威士忌原酒。其一是幾乎保持原

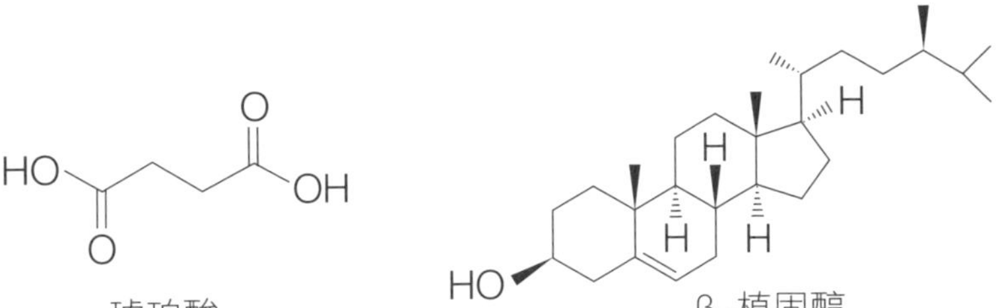

琥珀酸　　β-植固醇

圖 11-1　木桶溶出的主要萃取物質

本的狀態從橡木板材中溶出，再溶入威士忌原酒。這種模式稱爲萃取，溶出的就稱爲萃取物質（圖11－1）。

萃取物質的組成以琥珀酸爲主。琥珀酸是一種帶有2個羧基的不揮發性羧酸，貯藏期間會從木桶板材裡溶出，和酒精反應並生成酯類。其氣味獨特，也會用於製作味噌、醬油和清酒。

而在前一章就登場的乙酸，在橡木板材中以和多醣類分子結合的形式存在，也會溶出到威士忌原酒中。乙酸是生成酯類的關鍵物質，但比起由乙醇氧化而產生的乙酸（前章已述），威士忌原酒中的乙酸更多來自木桶板材。

其餘的主要萃取物質還包括植物固醇，是構成橡木板材細胞膜的成分。威士忌中的植物固醇大多數是β-植固醇（β-Sitosterol），雖帶有油脂味，但人體攝取後可以抑制膽固醇的吸收，是頗受矚目的健康食品成分。

不過這些物質在威士忌中只有微量存在，各自的個性無法明顯表達出來，但只要含有一點點，應該就會影響威士忌的香味構成。

另一種木桶板材成分溶入威士忌的方式，是橡木材所含的高分子物質慢慢分解後，才從板材中溶出。木桶使用的橡木板材，絕大部分是屬於支撐樹木的心材部位，構成心材的高分子物質相當堅固，不易分解。在漫長的貯藏期間，心材會由乙醇緩緩分解溶出，這個過程稱爲「醇解」。

以上雖然將木桶板材成分溶入威士忌的模式分成2類，但若要問到某種成分是以何種模式溶出，答案可能有時是萃取、有時是醇解，並無法明確區分。無論哪種模式，都有大量的物質從木桶中溶出，這些物質彼此相互作用，也和新酒內的物質交互反應，在漫長的時光裡經歷各種變化，爲威士忌的香味增添特色，眞是很不得了呢！

若以分子量區分威士忌原酒中的不揮發物質，有分子量低於３０００的低分子物質，也有分子量超過10萬的高分子物質，跨度相當大（圖11－２）。假如有某種分子量10萬的化合物，完全只由分子量１８０的葡萄糖（單醣類）構成的話，表示這個化合物是由高達５０００個葡萄糖分子聚合而成。威士忌原酒中，就存在這樣的巨大分子。

橡木內酯具「椰香」

熟陳後的威士忌，先是以其琥珀色澤令品飲者愉悅，又以其香氣充滿心靈。來自木桶溶出的揮發性物質，在威士忌的香氣形成上發揮了極大的作用。

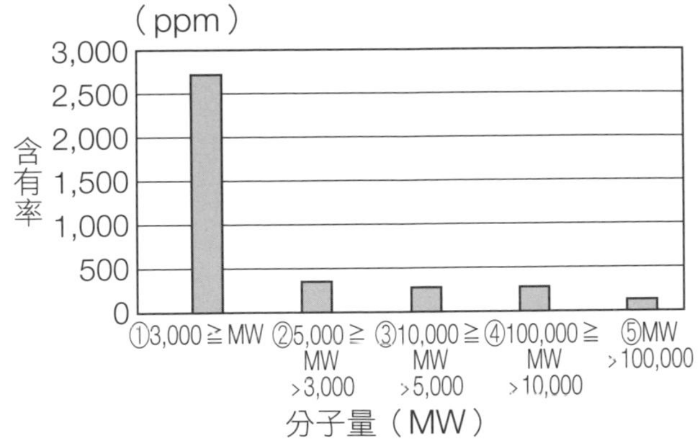

圖 11-2　威士忌中的不揮發成分的分子量分布
（山崎 18 年）

其中又以精油成分特別重要。這類成分也稱爲「Essential oil」，不溶於水，但可溶在油和酒精裡。雖名爲「精油」和「oil」，但並非油脂成分。常見的精油成分，是用於製作香水的草本葉片萃取物。每單位重量的葉片中，只有0．001〜0.2%的精油，含量非常少。

針對威士忌的精油成分已有詳細的研究，現階段已識別出100種以上的成分。其中最爲人所知、賦予威士忌熟陳香氣的成分，就是屬於內酯類、具有椰子香氣的橡木

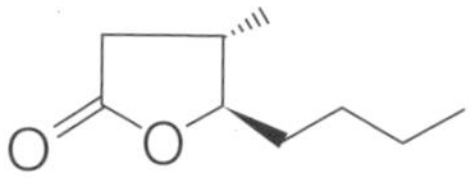

b型的橡木內酯

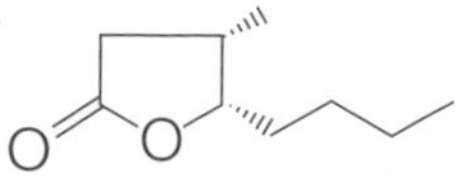

a型的橡木內酯

OCCH₂CH（CH₃）CH（CH₂）₃CH₃
└──────O──────┘

圖 11-3　a 型（右）和 b 型（左）的橡木內酯。a 和 b 側鏈部位的連接方式不同（ ''''' 和 ◀ ）。

內酯（Quercus lactone）。

當某種化合物帶有羥基和羧基，兩者以酯鍵連接形成環狀時，就是內酯。許多植物中都有內酯，多半具有香氣。橡木內酯是橡木材特有的內酯類，故也稱爲Oak lactone。而這種內酯是在威士忌的熟陳研究中發現，因此又可稱爲威士忌內酯（Whisky lactone）。第8章提過，Quercus是「美麗的樹木」的拉丁文，是做爲木桶板材的櫟屬橡木材的學名，但並非所有橡木材裡都有橡木內酯。用來製作威士忌木桶的落葉型橡木中含有橡木內酯，但常綠型的橡木就沒有。在木桶板材中，橡木內酯以和單寧結合的形式存在，會隨著單寧的分解溶入威士忌，成爲形成香氣的一分子。

橡木內酯有a型和b型兩種立體異構體（圖11－3）。立體異構體，是指化學式和結構式在平面上看起來相同，但在立體空間上卻不同的多種化合物。就像人的左手和右手，外型相似卻絕非一模一樣，如同照鏡子般的關係。橡木內酯的a型和b型也正是這樣的關係。反過來看，僅僅是這樣的差別，兩者的香氣強度就有所不同，b型的嗅覺閾值較低，即便少量也會散發強烈香氣。威士忌中兩種皆有，但b型的含量較多。

「燙手山芋」高分子物質

提到分解後才溶入威士忌的成分，就要特別關注難以分解的高分子物質。要塑造威士忌的香氣，許多高分子物質都是至關重要的。

樹木可分爲心材和邊材兩部分。心材爲死亡的細胞組織，邊材則由新生細胞所構成。雖說細胞已經死亡，但心材是支撐樹木非常重要的部分。因爲心材的細胞壁是由高分子物質組成，非常難被分解，故整體構造十分堅實。

組成細胞壁的高分子物質，主要有纖維素、半纖維素和木質素。三者皆由低分子量的物質聚合形成，分子鍵的連接非常堅固。細胞壁決定了細胞的大小和形狀，而這些高分子物質的存在，就是細胞得以受到保護的關鍵。若將細胞壁比喻爲鋼筋混凝土，則木質素就是鋼筋，纖維素是鋼筋周圍填充的混凝土，半纖維素則是連接鋼筋與

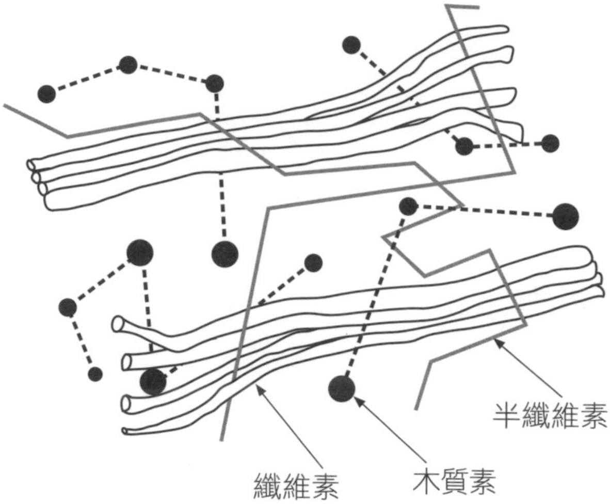

圖 11-4　纖維素、半纖維素和木質素在細胞壁中的關係

混凝土的鐵絲（圖11－4）。

相當於「混凝土」的纖維素（Cellulose），是由單醣類的葡萄糖連接而成的多醣類化合物。纖維素占了植物體的3分之1，是地球上最大的生物量（biomass）。澱粉做爲我們的能量來源，也是由葡萄糖連接而成的多醣類，但其鍵結方式和纖維素有少許差異。只因這一點點的差別，纖維素和澱粉竟就成了兩種性質完全不同的化合物。

兩者皆由葡萄糖組成，葡萄糖帶有6個碳原子，故又稱爲六碳糖。如圖11－5所示，每個碳原子都有各自的位置編號。1號碳原子上的羥基（-OH）會上下移動，向下連接時稱爲「α位」，向上

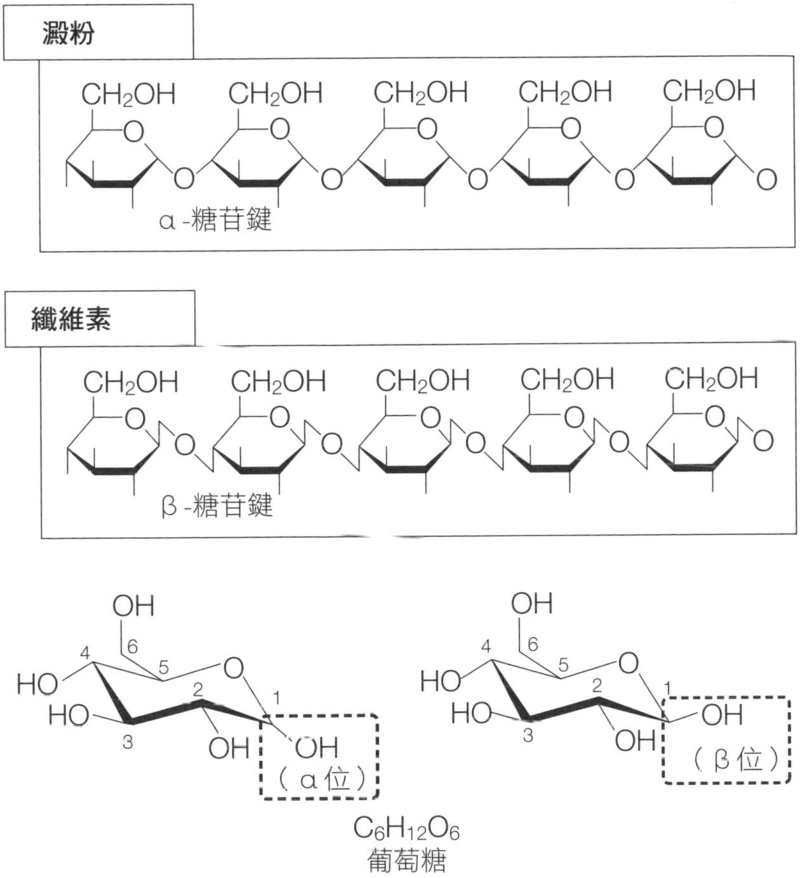

圖 11-5　澱粉、纖維素、葡萄糖的構造

連接時稱爲「β位」。

無論是組成澱粉或纖維素的葡萄糖，1號碳原子都是和另一個葡萄糖的4號碳原子以脫水縮合的方式連接。以澱粉來說，1號碳原子上的羥基處於α位，這種連接稱爲「α－1，4－糖苷鍵」。另一

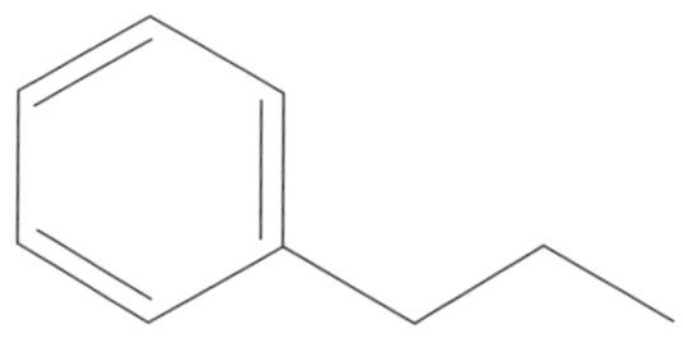

$C_6H_5(CH_2)_2CH_3$

圖 11-6　苯丙烷的構造

方面，組成纖維素的葡萄糖分子的羥基處於β位，故稱爲「β－1，4－糖苷鍵」。

α位的羥基，和葡萄糖六員環（six-membered ring）的面之間有少許夾角，因此和α位羥基連接的葡萄糖也會發生角度偏移。就這樣一個接一個以α－1，4－糖苷鍵連接下去，葡萄糖的六員環面就會不斷發生偏移，最終形成螺旋狀結構。

而β位羥基的方向，和葡萄糖六員環的面方向相同，因此與之連接的另一個葡萄糖，其六員環的面也是同一方向。多個葡萄糖以這樣的直鏈連接下去，就會形成筆直的棒狀結構。

在細胞壁中，大約有50條像這樣直鏈狀的纖維素整齊排列、相互鍵結。這種非常堅固的纖維構造稱爲「結構多醣」，沒有空隙因此難以分解。而澱粉則屬於「貯存多醣」，會儲備在根或種子裡。人類之所以得以使用澱粉做爲能量來源，就是因爲澱粉的螺旋狀構造使分子間存在較多空間，才能利用消化酵素加以分解。

相當於「鐵絲」的半纖維素（Hemicellulose），主要以帶有5個碳原子（五碳糖）

的木糖和阿拉伯糖爲基本單位，和纖維素一樣，彼此之間以堅固的β－1，4－糖苷鍵連接。

相當於「鋼筋」的木質素（Lignin），被分解難度更勝於纖維素和半纖維素，基本組成單位是一種叫苯丙烷（圖11－6）的化合物。苯丙烷就是有三碳烴類的丙烷與苯環連接的化合物，通常由光合作用生成。許多苯丙烷隨機聚合後，便形成高分子的木質素，但木質素的結構具體是如何形成，目前還所知不多。植物細胞成熟時，木質素會進入細胞壁中，增加木質部組織的強度，成爲支撐植物的力量。

以上三種構成木桶板材細胞壁的高分子化合物，雖然組成各不相同，但都是堅固而難以分解的燙手山芋。然而，它們也都是形成威士忌香味不可或缺的一分子。至於這些化合物在貯藏期間是如何分解，留待稍後再述。

單寧中的主要多酚類化合物

木桶板材中溶出的高分子物質，還有單寧。根據辭典中的解釋，單寧是「廣泛存在於植物界，如橡木樹皮或鹽膚木之中，是一種經由水解會產生多價酚類（多酚）的

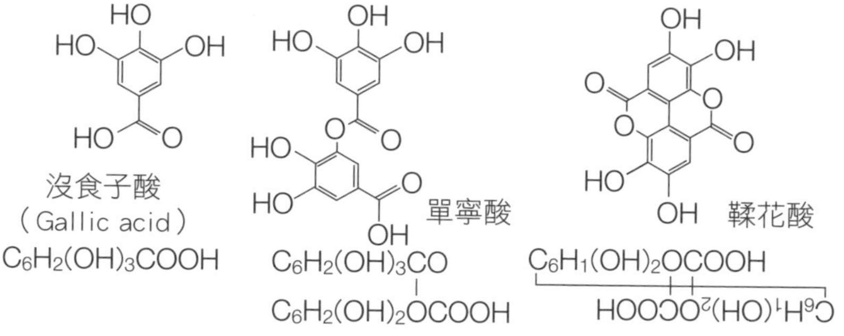

圖 11-7　威士忌中主要的多酚酸

收斂性植物成分的總稱」。

單寧具有和蛋白質與金屬產生激烈反應的性質。因此，當蟲或微生物入侵樹木時，單寧就會和侵入者的蛋白質結合，從而阻止入侵行動。單寧正是保護植物的防衛物質。人類自古以來便利用這種性質，將單寧做爲鞣皮劑，用在皮革的鞣製過程中。未經處理的動物皮會硬化、腐爛，因此要用單寧處理皮革表面，使蛋白質變性，讓皮革變得柔軟且具有耐久性與可塑性。

單寧可分爲水解型單寧和縮合型單寧，兩者有根本上的構造差別。水解型單寧經水解作用後，除了醣類等多元醇之外，還會生成沒食子酸（Gallic acid）、單寧酸和鞣花酸。這3種都屬於多酚類化合物（1個分子中含有多個酚羥基），也是威士忌中主要的多酚酸（圖11－7）。由此可推測，橡木板材裡多半也是以水解型單寧爲主，水解後便緩緩溶入威士忌原酒中。與木質素等化合物相比，單寧算是容易分解的了。

這3種酸也被稱爲「威士忌多酚」，除了貢獻香味的形成，從清除活性氧等功能性的層面看來，對於提升威士忌品質也是必不可少的。

纖維素和半纖維素的分解與變化

那麼，構成細胞壁的高分子化合物「燙手3兄弟（纖維素、半纖維素、木質素）」，是如何分解並融入威士忌裡的？而這些分解後的物質，在原酒中又發生了什麼事？

現在，先請各位回想一下第8章提過的「燒烤」工程。就是在木桶的側板組好後，對側板內側進行燒烤的作業。燒烤目的是烤焦板材的表面，弱化木頭的香氣。實際上，燒烤對於分解這些頭痛的高分子物質，也有一分貢獻。

以纖維素來說，其組成成分的葡萄糖經過燒烤作業的加熱，會發生熱解作用，變成各式各樣的物質，慢慢溶出到威士忌原酒中。經由燒烤而生的物質，都是焦糖或黑糖裡也含有的成分，具有甜蜜的香氣。

半纖維素的組成成分是阿拉伯糖和木糖，加熱分解後會產生具杏仁般特殊香氣的糠醛（furfural）。糠醛氧化後會變成無以計數的有機酸，這些酸又會進一步在貯藏期間乙酯化。

燒烤作業不僅能抑制木頭的氣味，還能使高分子物質熱解，在促成香味形成中扮演非常重要的角色。

由木質素生成的化合物具「香草香」

在鋼筋混凝土中扮演鋼筋的木質素，同樣也會經由加熱分解。這些以苯丙烷爲基本組成單位的化合物，在熱解後會變成許多具有特殊香味的酚類化合物，溶出到威士忌原酒中。

由木質素生成的化合物，比纖維素和半纖維素發揮了更豐富的作用。最具代表性的，就是具有香草般甘甜香氣的香草醛（Vanillin）及其類似物（Vanillin Group）。筆者曾經用各種溶劑分離威士忌的不揮發物質，獲得散發香草芳香的部分，當時也爲

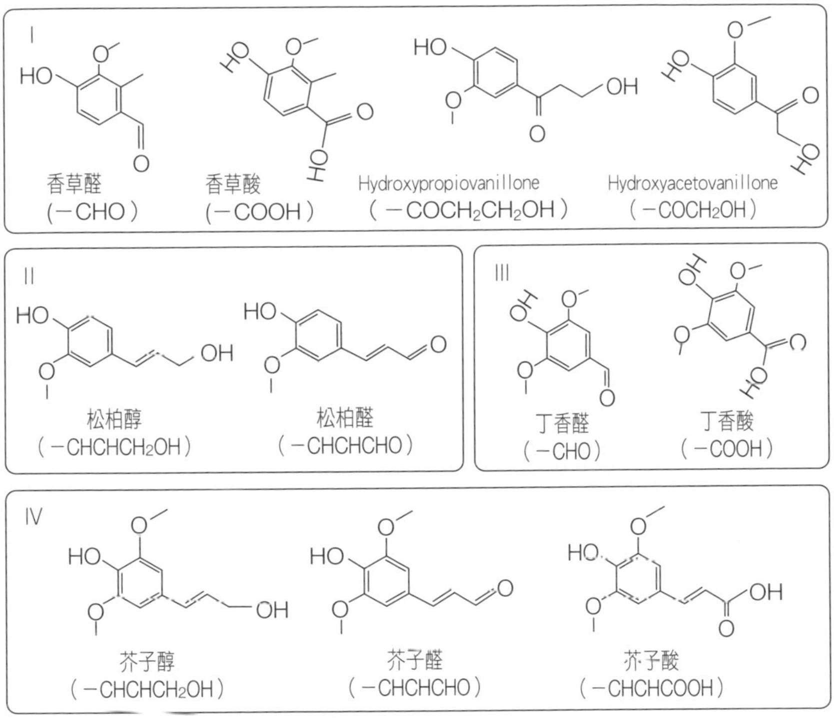

圖 11-8　香草醛及相似的各類木質素生成物

其華麗的表現大吃一驚。

如圖11－8所示，由木質素生成的化合物除了香草醛類（Ⅰ）之外，已知還有松柏基類（Ⅱ）、丁香類（Ⅲ）和芥子類（Ⅳ）。這些化合物一律帶有與木質素的基本結構苯丙烷相似的構造，具有與香草醛相同的甘甜香氣。

這些來自木質素的各類化合物，根據其共同結構可分為醇型（-OH）、醛型（-CHO）和羧酸型

（-COOH），隨著貯藏時間拉長，醇型會氧化變成醛型，接著再變成羧酸型。這和乙醇變成乙醛、乙酸的氧化是一樣的。此外，就像乙醇和乙酸的酯化反應，以及乙醇和乙醛的縮醛化反應一樣，由木質素而生的醇型、醛型和羧酸型化合物，也有可相互發生酯化或縮醛化反應。而乙醇、乙醛和乙酸也有可能和這些物質發生反應。

除此之外，還有各種由木質素生成的揮發性酚類化合物溶出到原酒中，其中以丁香酚（Eugenol）的含量較多。丁香酚雖具有刺激性，但也帶有令人愉快的獨特香氣，是一種以苯丙烷爲基本架構的化合物，香料的丁香中也含有這種成分。丁香在日本稱爲「丁子」，自古以來就是受歡迎的香料。

再來，還有以熟陳威士忌的主要抗氧化成分而受到矚目的Lyoniresinol，以及會隨熟陳同步增加而被視爲熟陳進度指標的莨菪酚（Scopoletin），也都是以苯丙烷爲基本架構、由木質素生成的化合物。

這樣看下來，又讓人再次驚訝於木桶對威士忌熟陳的重要性。不只是做爲新酒的容器，或新酒內物質的反應器，木桶本身就會釋出大量且多樣的物質融入威士忌原酒，儼然已是威士忌的一部分了。品飲威士忌，或許也可以說是在品飲名爲木桶的「樹木」。畢竟在我們的日常生活中，除了飲用威士忌外，應該沒有什麼機會可以攝取如此多元的「樹木」成分了。

奇妙的乙醇濃度

我們已經知道，將木桶內側燒烤的做法，可以促進「燙手3兄弟（纖維素、半纖維素、木質素）」的熱解和萃取，對威士忌原酒的熟陳有莫大的貢獻。不過，燒烤也絕非萬能，仍有不少高分子物質不受影響。

以纖維素和半纖維素來說，透過緩慢的水解，會變成葡萄糖、阿拉伯糖和木糖等醣類組成單元溶出。葡萄糖和阿拉伯糖就占了威士忌總糖量的3分之2，但威士忌本身的糖並沒有多到會讓人感受到甜度，因此，使口感更圓潤應該才是這些成分的作用。葡萄糖和阿拉伯糖還會進一步和乙醇反應，變成新的化合物。此外，前面也提過，橡木材裡含有豐富的乙酸，是形成乙酸酯類的關鍵物質。但橡木材中的乙酸其實更常和半纖維素結合，並透過水解溶出。橡木材中還有帶有2個羧基的琥珀酸和杜鵑花酸，雖然含量不比乙酸，仍會經由水解溶出、形成乙酯。

至於木質素，未受燒烤影響的部分似乎不會經由水解，而是由乙醇進行分解作用

（醇解）而溶出。像纖維素這種經由脫水縮合而高分子化的醣類，分解時發生的就是逆向的水解作用，但木質素形成的方式還是未解之謎，因此乙醇是如何讓醇解進行的，目前還沒有答案。

可以確定的是，經由醇解導致的分解現象，比燒烤的熱解重要性更高。從圖10－1固形物含量在貯藏期間的變化可知，在漫長的貯藏過程中，經由醇解慢慢分解的木質素等木桶溶出的固形物，其含量比貯藏初期因燒烤而釋出的分解產物更多。而且不僅是木質素，會生成多酚類的單寧等高分子物質的分解及溶出，多數也是經由醇解產生。在威士忌的熟陳中，醇解扮演了十分重要的角色。

醇解的進展速度，因新酒中的乙醇濃度而異。那麼，若想讓醇解快速進行，最適合的乙醇濃度是百分之幾呢？換言之，最適合威士忌熟陳的乙醇濃度是百分之幾？

接下來將逐步揭曉的答案，各位讀者應該會感到非常不可思議吧。

科學家曾進行這樣的實驗：將可製成木桶的橡木板材切割成小塊，在不同乙醇濃度的溶液中浸泡2年後，比較色素（波長550nm的吸光度）與板材物質的溶出量。實驗結果顯示，當乙醇濃度約爲60％時，由板材釋出的著色物質和其他不揮發物質的溶出量是最多的（圖11－9）。其中緣由雖然還沒有定論，但目前至少可推測出兩個原因。

第一個原因認爲，60％的濃度，可能是乙醇可以浸透至橡木材最深處的濃度。若要將橡木材的成分分解、溶出，乙醇就必須以溶液狀態才有辦法滲入板材。乙醇濃度過高就容易揮發，過低則容易被含有疏水性成分的橡木材排拒在外。介於兩者之間的最佳濃度，或許就是60％。

第二個原因則認爲，乙醇濃度大約在60％時，乙醇溶液的親水性和疏水性之間，或許正達到一個適合溶出橡木材成分的平衡狀態。

舉例來說，糖和礦物質雖然會溶於純水，卻無法溶在純粹（幾乎百分之百）的乙醇中，這種就是與水親近的「親水性」物質。另一方面，像脂肪和脂溶性維生素這種不溶於水、容易溶於純乙醇的物質，就是排斥水的「疏水性」物質。然而，濃度60％的乙醇溶液，卻展現出介於純水和純乙醇之間的性質。既比純水更能溶解疏水性物質，又比純乙醇更能溶解親水性物質，在疏水性／親水性之間達到平衡狀態。這種同時具有親水性和疏水性的化合物，稱爲「兩親性物質」。

由橡木材中主要成分（如木質素和單寧）釋出的化合物，也同時帶有羥基、醛基、羧基等親水性的官能基，以及疏水性的芳香環。或許因爲這些化合物的疏水性／

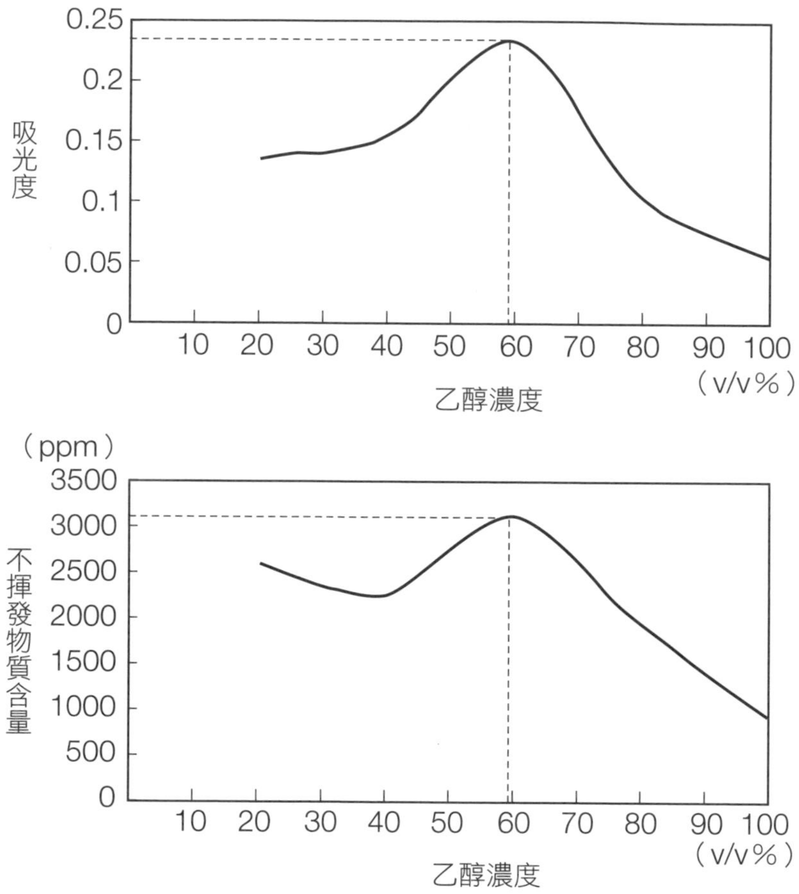

圖 11-9　木桶板材物質的溶出量與乙醇濃度
（上圖爲著色物質，下圖爲不揮發物質）

親水性平衡，與60%的乙醇溶液的平衡相近，才會首先從板材裡溶出吧。

由以上的推測，便能導向先前問題的答案。最能促進醇解進行的乙醇濃度，即最適合威士忌熟陳的新酒乙醇濃度，就是

表 11-1　不同分子量級距的威士忌物質中，多酚及中性糖的含量

分子量	3,000以下	3,000～5,000	5,000～10,000	10,000～100,000	100,000以上
多酚含量	3.6%	8.5%	20.6%	17.9%	14.1%
中性糖含量	6%	7%	13%	13%	12%

大約60%。

這不是很不可思議嗎？前面已經提過幾次，剛蒸餾完的新酒裝桶開始貯藏時，其乙醇濃度就是大約60%。奇妙的是，這正是最適合威士忌熟陳的濃度。表11－1中，將威士忌中的物質依不同分子量級距劃分，並列出多酚和中性糖這兩種不揮發物質所占的比例。多酚指的應是單寧和木質素的分解物質，中性糖則是纖維素和半纖維素的分解物質。與分子量較小的級距相比，分子量5000～1萬、1萬～10萬，以及10萬以上的級距中，多酚和中性糖的含量頗多。這表示愈是高分子的物質，就愈能發揮疏水性／親水性平衡的特徵，更能溶入60%的乙醇溶液。

先賢們在製作新酒時，難道連這點都考慮到了嗎？筆者認爲不是的。應該只是偶然將乙醇濃度7%的酒汁，用壺式蒸餾器蒸餾2次後，就達到60%左右的乙醇濃度罷了。而這個「偶然」，就是最適合讓木桶板材物質溶出、賦予威士忌香味的條件。對於這樣的幸運，筆者內心只有感謝。

不僅如此，想到威士忌成分之後的變化，就愈是要深深感激這60％的乙醇濃度。接著，就再多討論一些「60％」的意義吧。

「60％」的幸運

第10章已提過，威士忌熟陳時，其成分的變化始於氧化反應。經由木桶呼吸浸透進來的氧氣，會使包含主成分乙醇在內的諸多物質氧化，爲之後的縮醛化和酯化反應提供醛類及羧酸類物質。

這些變化必須緩慢穩定地進行，如果進展速度太快，會破壞威士忌原酒的品質。因此在威士忌原酒這個溶劑中，就必須溶有一定程度的氧。科學家研究了乙醇濃度與氧氣溶解度之間的關係，發現當乙醇濃度在0％（純水）至40％之間時，氧氣的溶解度沒有太大差異；但一旦超過40％，氧溶解度就會急遽提升；到了濃度60％時，氧溶解度已經是40％溶液的1.8倍左右了。60％的乙醇溶液，肯定有助於緩慢且穩定的氧化反應進行。

而氧化反應之後的縮醛化和酯化反應中，也不可忽視這「60％」的幸運。這些反應皆屬脫水縮合反應，也就是會在過程中捨去水分子的反應，因此其逆向反應，就是加入水後才得以發生的水解反應。如前所述，60％的乙醇溶液中，代表水分活動狀態的水活性數值會比純水低30％左右。這個性質有利於脫水縮合的進行，對縮醛和酯類等香氣成分的產生想必也有所幫助。

威士忌的熟陳，並非僅僅圍繞某一個主角成分進行，而是在多種成分磨合相處的共存狀態下，一點一滴慢慢進行的。可以說，多種成分共存的狀態本身，就是「熟陳」。而60％的乙醇濃度，就是創造出這個狀態的最佳「環境」。

那麼，在這個擁有特殊濃度的60％乙醇溶液中，水和乙醇之間，應該還是存在某種特殊的關係吧？雖然筆者對此非常有興趣，但很遺憾地，目前還無法得到明確的答案。雖說如此，還是可以提供各位一項非常有意思的事實：

將50毫升的純水與50毫升的乙醇混合後，得到的溶液體積並非１００毫升，而只有97～98毫升。換言之，將純水和乙醇混合後，溶液的體積會比混合前更少。

科學家接著用各種比例混合純水和乙醇，以體積的收縮率為縱軸、混合後的乙醇

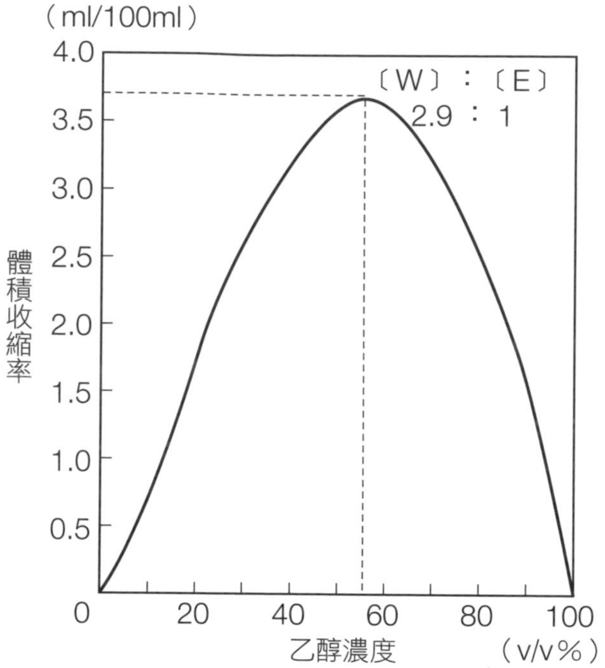

圖 11-10　混合水和乙醇時，體積的收縮率與乙醇濃度間的關係

溶液濃度爲橫軸，將兩者的關係繪製成圖後，發現當混合後的乙醇濃度爲60%時，其體積收縮率是最大的（圖11－10）。此時，水分子（W）和乙醇分子（E）的比爲2.9比1。

體積收縮得最多，就表示水分子和乙醇分子是以最緊密的狀態存在。具體上是什麼樣的狀態，還不得而知。但無論如何，當乙醇濃度和新酒一樣是60%時，乙醇和水就會形成特殊關係，而這個關係有助於威士忌的熟陳進行。筆者應該不是唯一一個對這「偶然」感到奇妙不已的人吧。

第12章 對於「味」的考察

區別「甜味」與「辛辣味」的關鍵

威士忌同源物的「滋味平淡」

在第10章和第11章裡，我們介紹了賦予威士忌香味特色的各種成分。

這裡稍加統整：威士忌裡的成分，可分爲由蒸餾酒汁獲得的新酒本身的成分，以及木桶溶出的橡木材成分。

來自新酒的成分，是汽化的物質冷卻液化後形成的，因此自然就是容易揮發的低沸點成分。而木桶溶出的，則多半爲難揮發的高沸點成分，也包含微量的揮發性物質。無論是新酒中或木桶溶出的揮發性物質，都是容易飄散在空氣中的物質，理應會影響威士忌的香氣。

威士忌中，除了乙醇等低沸點物質群之外，其餘物質稱爲「威士忌同源物

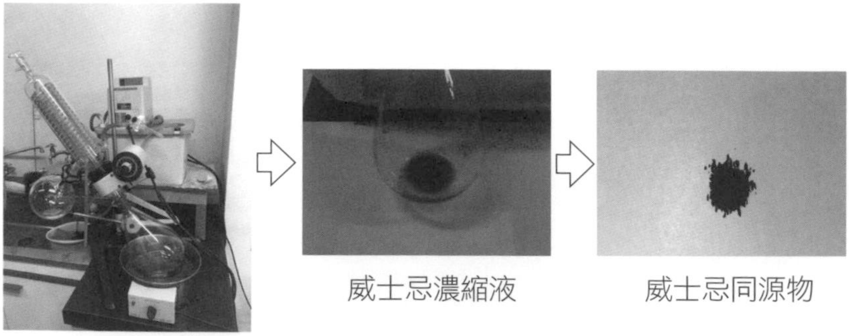

圖 12-1　威士忌同源物

威士忌同源物是木桶溶出的不揮發物質，是將威士忌減壓蒸餾後的濃縮液冷凍乾燥獲得的產物。

（whisky congener）」。在減壓的條件下，緩慢加熱威士忌以除去低沸點成分，將濃縮後的液體進行冷凍乾燥後，就可以獲得威士忌同源物（圖12－1）。

其中的構成大多爲木桶溶出的高沸點成分，主要包含木桶板材的纖維素、半纖維素、木質素和單寧等物質的分解成分，以及高沸點的萃取物。不過，這些成分不單只是橡木材的分解成分或萃取成分，更是因燒烤、醇解或萃取而在漫長的貯藏期間溶出的成分，和新酒成分或木桶溶出物質交互反應產生的成分群，是威士忌獨有的珍貴產物。

的確，包含揮發性低沸點成分群的威士忌蒸餾液，具有成熟水果般的花果酯香，帶點油脂味，還飄散著些微穀物香，是相當討喜的香氣。

然而不知為何，威士忌同源物明明除去了揮發性的低沸點成分，卻依然會散發美妙的香氣。威士忌同源物也包括由木質素生成的香草醛類，其特徵就是帶有具厚度的甜美熟陳香氣。人類對於氣味很敏感，即使只有微量飄盪在空氣中，也能感知到吧。

將威士忌同源物靜置一會兒後，熟陳香氣依然鮮明，沒有絲毫變化。其中原因為何，仍是未解之謎。也有人認為，無論有無揮發性物質，威士忌同源物都會不斷產生香氣。

威士忌的香氣是由前面提過的各種成分群所構成，這一點各位已有一定程度的理解。那麼接著自然會開始好奇，威士忌的味道又是怎麼回事呢？

一般來說，比起香氣，高沸點的不揮發物質對味道有更多貢獻。那麼威士忌同源物除了提供香草般的熟陳甜香外，會不會也影響了威士忌的味道？然而，實際嘗了嘗威士忌同源物，味道卻再平淡不過。微弱地略澀、隱約地略苦、些許地略酸，僅僅如此，和那成熟飽滿的圓潤滋味相去甚遠。

這樣說來，莫非對威士忌而言，威士忌同源物這個不揮發物質與味道無關？如此一來，又是什麼決定了味道？再說，威士忌的「味道」究竟是什麼？木桶的小宇宙中，又接連冒出了更多問題，讓我們一起看下去吧。

品評的重點在「甜味」與「辛辣味」

「生命之水」蒸餾酒的製造真正在歐洲各地普及開來，是13世紀以後的事。是不是在接觸高乙醇濃度的蒸餾酒後，人們才開始以酒精（乙醇）飲料的角度，關心起酒本身的味道呢？說到這裡，酒的味道究竟是什麼樣的味道？

首先浮上腦海的，是評論酒品時常聽到的「甜」和「辛辣」兩個詞彙。人們提到清酒和葡萄酒時，也經常使用「甘口」和「辛口」的說法。我們可以由此假設，酒的味道或許取決於糖分。

確實，以釀造酒來說，甜度會因原料殘留在酒裡的糖含量而異。留在酒裡、未轉變成乙醇的糖分較多，就是甘口酒；若糖分毫不保留地全部變成了乙醇，就是辛口酒。然而，在蒸餾酒中，基本上並沒有原料殘留的糖分。以威士忌來說，雖然仍包含了極少量由木桶溶出的糖分，但還不足以讓人感知到甜度。實際嘗嘗看威士忌同源物，也幾乎不覺得甜。換言之，蒸餾酒的味道和糖分幾乎沒有關聯。

雖說如此，蒸餾酒依然存在「甜」與「辛辣」的差別，也是品飲蒸餾酒時的一大重點。那麼，蒸餾酒微妙的「甜」與「辛辣」，又是由什麼決定的？

5種基本滋味

首先要釐清一下，當我們品嘗如威士忌的娛樂飲品時，感受到的並不是每一種成分的個別味道，而是整體呈現出來的感覺。再進一步說明，我們會用眼睛欣賞，用鼻子嗅聞，有時把玩酒杯的重量，或者聆聽冰塊在杯中碰撞的聲音。那支商品附帶的資訊和知識，也是享受過程中重要的一部分。可以說，我們是動用五感在品味威士忌的。

以此爲前提下，筆者想聚焦在味覺上，探討人一般是如何感知「味道」的。

味覺由幾種「味道」所組成，稱爲「基本味道」。目前已獲得承認的基本味道有5種：「甜味」「苦味」「酸味」「鹹味」和「旨味」。這些味道之所以被認爲是基本味道，是因爲它們彼此之間具有明顯的差異，且無法藉由混合其他基本味道來獲得。此外，表現出每一種基本味道的化學物質，都有與其個別對應的味覺感受器。一個味蕾上有數十個的味覺細胞，上面帶有味覺感受器。人類的味蕾主要分布在舌頭上，約有1萬個之多。

圖12－2中，簡單表示了呈味物質（taste substance）從被味覺細胞接收，到成爲味覺資訊的傳導路徑。近年來，對於呈味物質被接收、味覺資訊傳遞到大腦並被

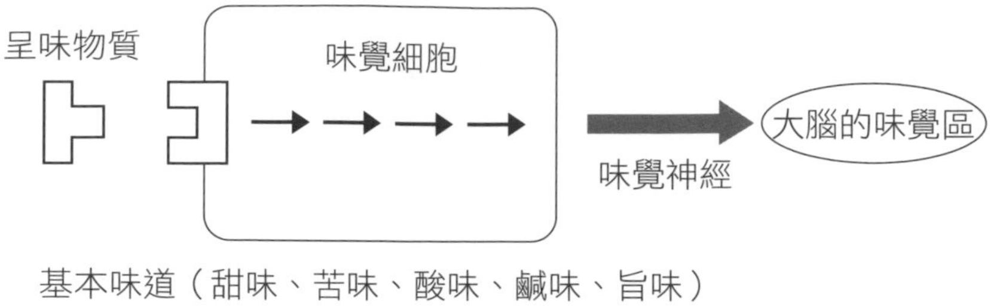

圖 12-2　味覺的傳導路徑

大腦處理的機制，相關研究進展十分快速。接收的機制雖有少許差別，但基本上每種基本味道的傳導機制都是一樣的：呈味物質被接收後（「酸味」和「鹹味」是經由離子通道），會活化味覺細胞內的資訊傳遞構造，使味覺細胞的膜電位去極化，向味覺神經放出傳導物質，支配味蕾的味覺神經做出回應並傳遞至大腦。

科學家們積極嘗試以呈味物質和味覺感受器的關係，從分子層級上解釋食物的味道。例如肉類、海鮮和蔬菜的味道，似乎和其中的胺基酸組合與含量有很大的關係。而食鹽具有增添風味、加強甜味的效果，研究認爲這是因爲食鹽裡的鈉離子和氯離子與味覺感受器結合後發生結構變化，才使得感受器更容易與胺基酸和醣類結合。

「旨味」是由日本主導研究出來的味質。自古以來，日本人就會用高湯來進行料理調味。日本的研究者發現，鰹魚乾、香菇和昆布等高湯原料的「旨味（鮮味）」，其本體是胺基酸與核酸。而在成分之一的麩胺酸鈉的味覺感受器被發現後，「旨味」就獲得了全球性的承認，成爲基本味道的一員。旨味的日語發音「Umami」，如今也成爲世界通用的詞彙。

另外，在品嘗食物方面和味覺同樣重要的嗅覺，其感知的運作方式也是一樣的。鼻腔深部的嗅覺細胞接收到氣味物質後，會經由嗅覺神經傳遞至大腦（嗅覺區）。

「辛辣味」就是疼痛感

話說，我們平常熟知的味道中，有幾種意外沒有被納入基本味道。那就是「辛辣味」「澀味」和「酒精味」。或許各位會覺得難以置信，但目前在人體中，還無法明確找出可以個別感知這些味道的味覺感受器。

舌頭與口腔中存在一種名爲「香草素受器」的味覺感受器，當這個部位受到刺激時，人就會感覺到「辛辣味」。香草素受器，是一種感知痛覺的感受器。也就是說，人感覺到的其實不是「辛辣味」，而是「疼痛感」（圖12－3）。這種痛覺的刺激，和擊打撞擊造成的機械性刺激、冷熱刺激、鹽酸等刺激性物質的刺激一樣，同屬軀體

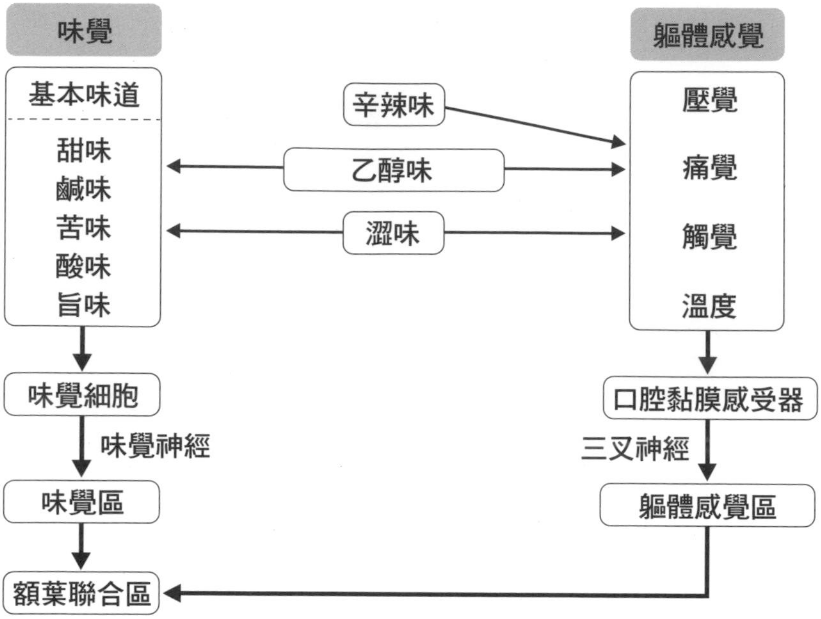

圖 12-3　基本味道與辛辣味、澀味、酒精味（乙醇味）

感覺，並分布於皮膚及黏膜等體表各處。由於這種感受器可以讓人察覺來自外界的侵害，故也被稱爲「傷害感受器」。

包含人類在內，動物從口腔延伸到肛門的消化道範圍，在此也算是「體外」的一部分，具有傷害感受器。口腔中覆蓋的黏膜（口腔黏膜）除了味覺外，也會接收痛覺、觸覺、壓覺和溫度的刺激。這些感受器可以感知食物的冷、熱、軟、硬，是品嘗食物時至關重要的知覺系統。當辛辣的物質進入口腔時，我們主要會感知到痛覺刺激，和其他的刺激（例如辣椒就會是發熱帶來的溫度刺激）綜合起來後，便成了我們認知到的「辛辣味」了。

雖說痛覺是身體受到傷害的警報，不過適度的辛辣味可以拓寬日常的飲食體驗，仍舊是不可或缺的。依照類型不同，可將辛辣物質分爲下列3種。第1種是山葵、芥末和白蘿蔔一類的辛辣味，伴有清涼感，同時舌頭和鼻腔會感覺到一陣強烈襲來的刺激；第2種是辣椒和胡椒的辛辣味，舌頭會有灼熱，甚至接近疼痛的刺激感，這種類型可以促進血液循環，使身體暖和、出汗。其中辣椒的辛辣成分「辣椒素」被視爲辛辣的指標物質，因此接收辣椒素的香草素受器，又特別被稱爲「辣椒素受器」；第3種類型，則是薑和日本山椒一類會使人發汗，且具有清涼感的辛辣味。此外，西歐受歡迎的香料也有許多屬於辛辣味，在日本統稱爲「香辛料」。一般來說，人對「辛辣味」的喜好會隨年齡而增加，因此辛辣味也被認爲是「大人的味道」。

「澀味」的機制

要說「大人的味道」，「澀味」應該也屬同類。澀柿子雖然令人難以下嚥，但如果將適度的澀味與其他味道調和，就會呈現出獨特的風味。尤其茶和咖啡的澀味，也是好喝的因素之一。茶葉主要的澀味來源物質是兒茶素，咖啡則是綠原酸，兩者皆爲植物中構成單寧的多酚類化合物。單寧的種類很多，從分子量500的低分子化合物到2萬的高分子化合物都有，依植物種類不同，構成單寧的多酚種類也不同。

如第11章所述，威士忌中含有由橡木板材的單寧分解出來的沒食子酸、單寧酸和鞣花酸，合稱「威士忌多酚」。不過，威士忌並未包含兒茶素及綠原酸。以植物爲原料的食品中，許多都含有多酚類成分，但多酚的種類和含量，會因個別食品的原料或製作方式而異。

和辛辣味一樣，人體中也不存在針對澀味物質的味覺感受器，因此「澀味」不算是基本味道。那麼，人又是如何感知澀味的呢？

造成澀味的主要成分是多酚類，以多酚類構成的單寧具有容易和蛋白質及金屬反應的特性，這點已在第11章提過。多酚類的常見作用還包括與蛋白質結合，使其凝固。此外，單寧和多酚會刺激苦味和酸味的味覺感受器，故當這些化合物與口腔黏膜上皮細胞的蛋白質結合時，會對口腔黏膜造成刺激，與味覺刺激的感覺加在一起，或許就成了「澀味」感。「澀味」並不會經由「辛辣味」的辣椒素受器造成刺激，但對口腔黏膜的刺激依然具有重要的意義，比起味覺應該更接近「觸覺」的感受吧（圖12－3）。

感受「酒精味」的機制

另一個無法被納入基本味道的，就是酒精味，即乙醇的味道。以量而言，乙醇是酒的主要成分，其生理作用已有諸多研究，但對於乙醇本身味道的研究，卻意外非常地少。不過，若是說到乙醇對舌頭的刺激，倒是能找到幾個有趣的研究報告。

這些報告多半屬於神經科學（Neuroscience）的研究範疇，從中可知，味覺感受器會對乙醇刺激做出反應，不僅如此，辣椒素受器這個軀體感覺的感受器也會出現反應。換言之，乙醇也會對口腔黏膜造成刺激。此外，對乙醇刺激做出反應的味覺感受器，是「甜味」與「苦味」的感受器。而以基本味道來說，味覺的反應通常是暫時性的，但對乙醇的反應則會持續一定時間。

關於乙醇的味道，很有趣的一點是，乙醇對口腔黏膜的刺激，是經由辣椒素受器帶來的痛覺刺激。也就是說，我們可能是以「辛辣味」來感受乙醇的。除了辣椒的辣椒素外，薑、黑胡椒和丁香（丁子）的成分也會刺激辣椒素受器，但程度不及辣椒素那麼強。有趣的是，丁香裡的丁香酚雖然被視爲威士忌中的熟陳成分，但含量很少。相對攝取量較多、且經由辣椒素受器感受到的物質，似乎只有乙醇而已。

「甜味」與「苦味」的味覺感受器都會對乙醇做出反應，但對嗜酒的筆者來說，實際品嘗乙醇後，味覺上只感受到「甜味」而已。大腦似乎會把喜歡的味道視爲「甜味」，嫌惡的味道視爲「苦味」，所以或許對不喜歡酒精飲料的人來說，酒就是「苦」的吧。評論酒精飲料的味質時，其中一個項目是「甜味」與「辛辣味」的平衡，因此「甜味」的重要性應該還是大於「苦味」。

由此看來，我們感受到的酒精飲料的乙醇味，應該是由「甜味」爲主的味覺刺激，和經由辣椒素受體傳達的「辛辣味」刺激，兩者綜合起來形成的（圖12－3）。

乙醇對口腔黏膜的刺激是如何發生的，具體機制還不太明確，但鑑於乙醇具有使蛋白質變性的特性，因此可能也和澀味物質一樣，是藉由使口腔黏膜上皮細胞的蛋白質變性，造成刺激效果。不過，我們是經由「辛辣味」的辣椒素受器來感知乙醇的，而「澀味」又不會刺激到辣椒素受器，所以乙醇味的傳導方式肯定也和「澀味」不同。

「年滿20歲後才能喝酒」即使不提這樣的標語，大家也知道乙醇味同樣屬於「大人的味道」。有趣的是，不屬於基本味道的「辛辣味」「澀味」和「酒精味」，卻全都是「大人的味道」，是會刺激口腔黏膜的重要味覺。

對於香辛料、茶葉、咖啡，以及酒類等娛樂飲品來說，這3種味道都非常重要。

若能適度拿捏這些味道對舌頭及口腔中傷害感受器的刺激，便能爲整體風味的品質拓展深度與豐富度。但只要走錯一步，刺激太強，恐怕就會令人無福消受。畢竟刺激的是警戒身體傷害的感受器，這也是很合理的。

享受「飲食」這件事的本質，或許也是很類似的。飲食中存在餘裕、存在空間的部分，乃至於飲食文化的範疇，與之相關的或許就是傷害感受器，也就是軀體感覺感受器的適度刺激。當然，那就是孩子們還無法理解的「大人的味道」。料理與食品加工的研究，其實就是在追求如何適度、有趣且愉快地品嘗這些刺激感也說不定。或許對基本味道來說也是一樣的。比起以人工計算口味而製造出來的甜味劑，在傳統製法下誕生的「紅豆泥」，其複雜的甜味更有刺激性，也更富魅力。

酒精味質的重點是「黏膜辛辣刺激」

了解味覺接收的機制後，接著就來思考威士忌的味質吧。再複習一次，威士忌同源物是威士忌的萃取物質，味道嘗起來全都既模糊又平淡，無任何特色可言。因此我們可以推測，威士忌的味質主要還是受到「乙醇味」的影響。

「乙醇味」是一種以刺激「甜味」的味覺神經爲中心，同時合併對「辛辣味」的痛覺刺激的感受。不過，經由味覺神經傳達的「甜味」非常微弱，和果汁或糖果的甜味完全不能比。而且比起味覺，人類對軀體感覺的反應通常更加敏銳。所以當我們討論左右威士忌味質的「甜味」及「辛辣味」時，由乙醇刺激口腔黏膜帶來的「辛辣味」的痛覺刺激強弱，應該是很大的影響因素。品嘗食物時，味覺和軀體感覺兩種感受器的關係相近，一般不會明確分開來表述；但在討論威士忌等娛樂性酒精飲料時，卻會敏銳地感受並討論風味的平衡，很有意思。

乙醇帶來的黏膜刺激，會經由口腔黏膜上的辣椒素受器，給予人「辛辣」的痛覺刺激，故以下便將乙醇對口腔黏膜的刺激，稱爲「黏膜刺激」或「黏膜辛辣刺激」。仔細想想，從表現威士忌風味的語彙中，也可以看見「黏膜刺激」的重要性。當調酒師等專家評論威士忌時，形容皮膚感覺一類的詞彙其實很多。表達較強的「黏膜刺激」時，會用「尖銳」「有稜角」「硬」「粗澀」「刮舌」「粗糙」「如針扎」等詞彙；表達較柔弱的「黏膜刺激」時，會用「圓潤」「柔軟」「圓滑」「滑順」「絲絨般」「渾厚」等。

這些列舉出來的詞彙，與其說是從味覺感受到的「味道」，更像是敏銳地動用了觸覺、皮膚感覺和軀體感覺的結果。我們或許就是透過這些感官知覺，去感受乙醇「黏膜刺激」的軟硬強弱，並將之歸納爲威士忌的「味道」呢？

當然，乙醇濃度愈高，乙醇造成的「黏膜刺激」就愈強。所以比起清酒、啤酒或葡萄酒等釀造酒，威士忌、燒酎或伏特加等蒸餾酒類的刺激性更大。威士忌成品的酒精濃度高達37～43％，乙醇對味質的影響更是不容小覷。不過，即使濃度相同，不同威士忌的乙醇「黏膜刺激」——即味質——也會不同。因此調酒師必須極度專注精神，才能判斷並說出他喝到的威士忌刺激性是否強弱適中。

這樣一想，又會湧出新的疑問。乙醇的化學式是C_2H_5OH，也就是帶有2個碳原子的烴類（C_2H_6），其中一個氫原子（-H）被羥基（-OH）所取代而成，結構十分簡單。這種化合物帶來的「黏膜刺激」強弱會左右威士忌的味質，但仔細想想，味質在貯藏期間會發生變化，即便熟陳年數相同，每一桶的味質也不同，製成商品後的每一款味質也有差異。爲什麼乙醇可以呈現出如此多樣化的面貌？「黏膜刺激」究竟是由什麼決定的？從下一章開始，就來思考這些問題吧。

第13章 探究「多樣性」之謎

水與乙醇的愛恨情仇

千變萬化的表情

前一章提到，細微的「甜味」和「辛辣味」，可以替酒的風味賦予個性。酒當中含量最多的乙醇，其造成的「黏膜刺激」會影響這些味道的強弱。像威士忌這種幾乎不含糖、且乙醇濃度高的蒸餾酒，乙醇在味質裡所占的比重理當更高。就算是清酒或葡萄酒等糖分較多的釀造酒，在品飲其細微的滋味時，乙醇的「黏膜刺激」一定也多少有所影響。

「珠玉白露　流連齒頰　秋夜裡的酒　只消靜靜品嘗」

若山牧水創作這首短歌時，是否也正享受酒帶來的細微「黏膜刺激」呢？

在前一章的結尾，筆者提出了一個疑問：威士忌的「黏膜刺激」是由什麼決定的？最初像年輕武士般粗曠的新酒，隨著漫長的貯藏時光，會逐漸轉變爲風味圓潤的威士忌，這個熟陳現象就是「黏膜刺激」最爲人知的的變化之一。人們爲了追求這樣的變化，願意耗費多年將威士忌存放在木桶中。製造威士忌所需的時間，幾乎就是貯藏所需的時間。不過，依威士忌的種類不同，「黏膜刺激」產生的「辛辣」和「圓潤」感之間的比例平衡，也有許多變化。即便在單一個木桶中，隨著熟陳進展，兩者的平衡每分每秒都會改變。就算熟陳年數相同，不同桶之間的平衡也不相同。威士忌會同時隨時間軸及空間軸而變化，不存在一模一樣的面貌，可謂是千變萬化。

說到這裡，又會冒出一個單純的疑問。

爲什麼威士忌熟陳後，風味就會變得「圓潤」？又爲什麼會擁有如此豐富的面貌？如第12章提過的，調酒師用來形容威士忌風味的語彙十分多樣化，這般多元的表現究竟從何而來？

爲了回答這些問題，首先就必須了解乙醇溶液的主要成分——水與乙醇的性質。本章將會輔以各種有趣的研究成果，向各位介紹水與乙醇的「愛恨情仇」。

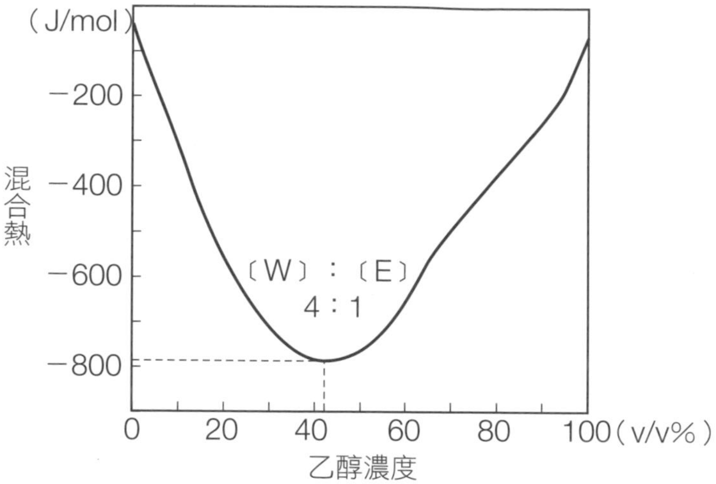

圖 13-1　乙醇與水的混合熱和乙醇濃度之間的關係（吸熱表示爲正值，放熱爲負值）

水與乙醇的特殊關係

第11章提過，當乙醇濃度接近60％時，可以從橡木板材中萃取出最多的色素及不揮發物質。另外，若將純水和純乙醇混合，當混合溶液的乙醇濃度接近60％時，其體積收縮率是最大的。

當特定的性質像這樣以某個數值爲中心，呈現出最高峰或最低谷的狀態時，繪製成圖表後的曲線狀似鐘形，稱爲「鐘形曲線」。乙醇溶液的濃度和各項物理性質之間的關係，經常呈現鐘形曲線。

舉例來說，大家都知道水和乙醇混合會發熱（混合熱），比較不同乙醇濃度的放熱量，會發現40％時的放熱量最高（圖

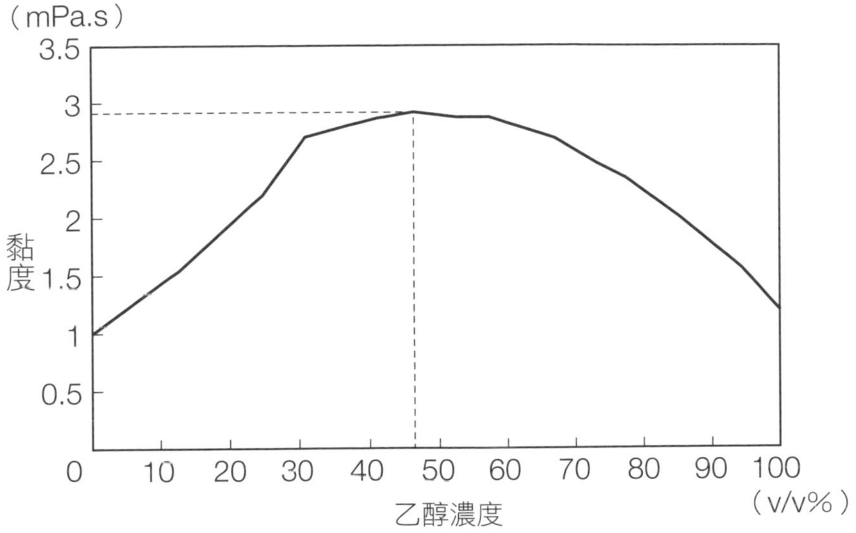

圖 13-2　乙醇溶液的黏性和乙醇濃度之間的關係

13－1）。此外，乙醇溶液的黏性比純水和純乙醇都大，而當乙醇濃度在45％左右時，其溶液的黏性最高（圖13－2）。

乙醇濃度接近60％時，其體積會收縮得最小，應該就表示在這個濃度時，水分子和乙醇分子是處於最緊密的狀態。附帶一提，關於放熱量的部分，通常物質的狀態會因放熱而變得安定，因吸熱而變得不安定，因此，這代表當濃度爲40％時，乙醇溶液可能是處於最安定的狀態。至於乙醇溶液的黏性，在濃度45％附近時達到最高，應該就表示在這個濃度範圍內，分子間的交互作用最強。

這些乙醇溶液的性質，非常有可能和酒的「圓潤感」及「黏膜刺激」有關。然而，若想知道乙醇溶液爲何具有這些性質，就必須從分子層級上，研究水和乙醇在溶液中是如何存在的。遺憾的是，以現在的研究還無法做到。不過，水和乙醇在乙醇溶液中會發生特殊的交互作用，根據兩者含量的比例不同，其交互作用也會出現巨大的差異，故可以推測很多性質和乙醇濃度之間，應該都是呈現鐘形曲線的關係。

水和乙醇混合時，會放熱，體積收縮。且無論以任何比例混合，水和乙醇的混合度都很高，始終呈現無色透明的液體。過去的科學家們便認爲，乙醇應該是具有親水性的代表性物質。然而，事實未必如此。實際上，乙醇同時具有親近水的性質（親水性）和排斥水的性質（疏水性），而這一點，似乎就是讓乙醇溶液裡的水和乙醇展現出獨特交互作用的原因。

水和乙醇，時而相互吸引，時而相互排斥——若能解開這個特殊的關係之謎，或許就能說明乙醇溶液各種呈現鐘形曲線的性質。而這特殊的關係，應該和威士忌的「圓潤感」和「黏膜刺激」關係匪淺，在「熟陳」的過程中想必也有很重要的意義。

那麼，接著就盡可能來探索這段關係吧！首先，我們必須從基礎的角度開始，認識水這個物質的性質。和一般液體相比，水其實是個「異類」喔。

水是「異類」

從月球上眺望，地球的蔚藍與美麗令人讚嘆。雖然似乎是多虧了氧氣，地球看起來才會是藍色的，然而，看見如此符合「水之行星」之名的模樣，還是不禁要對生命在地球這個行星上誕生的奇蹟，和水在其中扮演的關鍵角色而深感敬佩。

正如各位所知，在1大氣壓的環境下，水會在100℃沸騰，在0℃結凍。這一切彷彿理所當然，但能夠在這麼廣的溫度範圍內維持液態的物質，其實很少。

水容易以液態存在，是因爲水分子之間容易相互吸引。水分子容易相互吸引，是因爲水分子的電子分布並不均勻。

有些原子容易吸引電子，有些則容易釋出電子給其他原子。水是由容易吸引電子的氧原子，和容易釋出電子的氫原子結合而成，因此會造成電子分布不均。請各位想像1個漂浮在眞空中的水分子（H_2O：H-O-H），會呈現1個氧原子與2個氫原子結合的模樣。然而，原本圍繞著氫原子的電子，由於受到容易吸引電子的氧原子的影響，轉而移動到氧原子外圍的機率增加了22～25%。氫原子有2個，合計就是44～50%。結果在氧原子的外圍，會有大約2分之1的電子是多餘的存在，從而使氧原子

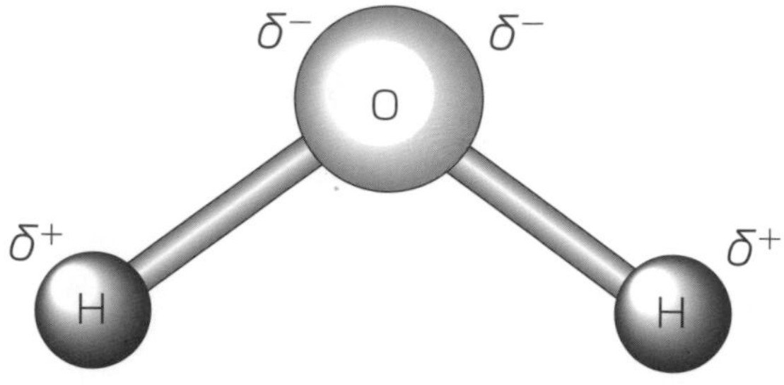

圖 13-3　水分子的模型

的一端偏向負電荷，氫原子端則偏向正電荷。明明不像酸鹼那樣離子化，卻出現電子分布不均的現象，這種狀態稱爲「極化」（圖13－3）。

當這個水分子接近另一個水分子時，（帶正電荷）的氫原子和另一個水分子（帶負電荷）的氧原子之間，會出現強烈的吸引現象。這種相互吸引的作用力稱爲「氫鍵」（圖13－4）。水分子之間以氫鍵爲基礎形成網狀結構，就是強烈吸引力的來源。在這種分子結構下，水得以成爲比實際分子量（約18）更大的化合物。這就是爲什麼跟其他液體相比，水會是「異類」了。

根據分子動力學的專家計算，水分子之間維持氫鍵結合狀態的時間非常短，大約只有2～4皮秒（皮是1兆分之1的單位）的程度而已。不過一個氫鍵被切斷，還有更多新的氫鍵形成，故最終整體仍可以維持住網狀結構。

維持「穩定」的水

水還可以多「異類」，就讓我們繼續看下去。

水的比熱（讓1公克物質的溫度上升1K（絕對溫度）所需的熱量）爲1卡路里。一般液體的比熱都小於1，例如石油成分的分子量雖然遠大於水，但以石油成分構成的汽油，其比熱依然只有0.4卡而已。

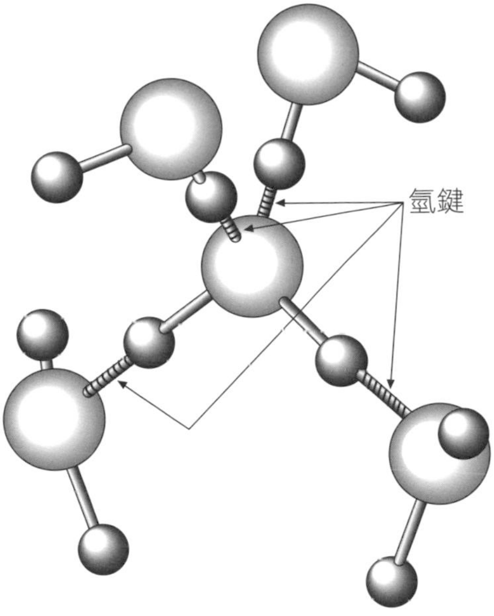

圖 13-4　水分子以氫鍵結合形成的立體網狀結構（大＝氧原子，小＝氫原子）

此外，液體汽化成爲氣體、或凝固成爲固體的現象稱爲相變，相變的發生會伴隨熱量的進出（相變熱）。水汽化時吸收的蒸發熱約爲1公克540卡，這也是一般液體中的最大值。每1公克汽油的蒸發熱爲70～80卡，相比之下就能理解水的數值有多大了。另一方面，水成為冰時釋出的凝固熱約為80卡，在液體中也是最大的。

比普通液體大的數值，表示有水存在的環境，對於溫度變化就容易維持在穩定的狀態。讓100公克的水溫度上升1℃，需要給予約100卡的熱量；反之，下降1℃就需要釋出100卡的熱量。而讓1公克的水汽化，需要給予約540卡的熱量，使之凍結則需要釋出約80卡的熱量。這些因素，讓水成為最能在液體狀態下保持穩定的物質。

地球大半面積都被水覆蓋，是受水影響很大的行星。從0℃到100℃，水可以在這麼廣的溫度範圍中維持液態，對地球環境的穩定化有很大的作用。所有的生命活動，都在這個穩定維持的地球環境裡發生，有助於生物的多樣化及穩定化。

在我們的身體中，水大約占了50～70％。為了維持生命，我們每天都需要穩定地進行各種代謝活動，為此，也必須維持幾乎固定的體溫才行。當然，體溫的控制還有賴出汗等體溫調節機制的運作，但身體裡如果沒有大量的水分，體溫就無法準確維持在一定的數值。

On the Rock得以成立的原因

在4℃時的密度最大，也是水的另一個特殊之處。如果是普通物質，處於固態時的結構會比液態更具規則性，爲了能夠不浪費地塡滿空間，密度就會比較大。然而，對於電子分布不均的水來說，狀況就不同了。

1個水分子中，有4個電子分布不均的部位。在這4處周圍再配置4個水分子，就是冰的基本結構，這種結構稱爲正四面體配位。其結晶的形狀爲六方晶體，是一種原子之間存在六角形空隙的結構（圖13－5），因此未必可以緻密地塞滿水分子。相比之下，氫鍵不斷結合重組、呈現網狀結構的4℃的水，水分子之間會比冰更加緊密，因此密度和比重都比冰大。

對於地球上生命的維持，這個性質同樣至關重要。冬天的池塘和湖泊表面經常凍著一層冰，仔細想想這個我們早已司空見慣的景象，其實正表現了水的特異性。如果水和普通液體一樣，當水溫下降結冰時，密度（比重）會變大，那麼結凍的水就會下沉，從池底和湖底慢慢形成冰。最後整個水體都會結冰，水中生物就失去棲所了。正因爲水是「異類」，就算池塘和湖泊表面結冰，底下的水溫還是維持在4℃，生物才

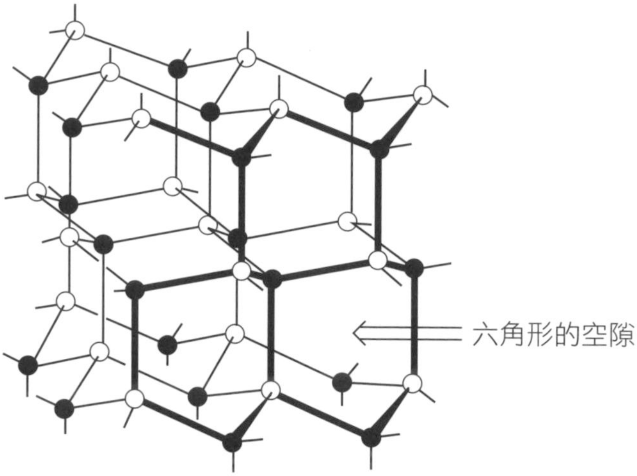

圖 13-5　冰的結晶構造

得以生存下去。

說到冰，就會想到On the Rock。純淨的冰塊和威士忌，實爲天作之合。將冰塊放入厚實的Rock杯中，從上方緩緩注入散發著芳醇香氣的威士忌，可說是一種奢侈的享受。

不過仔細一想就會發現，注入液體後，冰塊依然穩穩地待在酒杯底部，沒有浮起來。也就是液體是「在冰的上面（On the Rock）」。這樣的景象，多半只有飲用威士忌時才會見到（圖13－6）。這是由於乙醇的比重比水小，進而使乙醇濃度高的威士忌比重也比水小。如果杯裡裝的是果汁或水，就不會出現這樣的狀況。注入這些液體時，冰塊就會像冰山般一一浮出水面。

如果是「Half Rock」這種加入和威士忌等量的水的做法，冰塊也會沉在底部。

不過如果加入大量的水，把乙醇濃度稀釋得很低的水割威士忌，冰塊就會浮起來。看到冰塊浮在上方的水割威士忌，應該不只有我會覺得這「差不多就是水了」吧。「Under the Rock」實非我所好。

「又愛又恨」的狀態

圖 13-6　沉在酒杯底部的冰塊

那麼，回歸正題，了解水的特異性後，來想想乙醇分子（C_2H_5OH）。包含乙醇在內，一般的化合物都是由原子團（穩定的原子集合體）所構成。以水爲基準，可以將原子團分成兩個大群。一個是親近水的原子團，稱爲親水基；另一個是不喜歡水的原子團，稱爲疏水基。

親水基的代表，是具酸性或鹼性的原子團。酸性的原子團就像氫離子（H^+）一樣是正離子，鹼性的原子團就像羥基（OH^-）一樣是負離子。如前所述，水分子中的氧原子會把氫原子上的電子吸引過來，造成氫原子帶正電、氧原子帶負電的極化現象。因此，水分子會被離子化的原子團（無論正負）所吸引。

此外，就算沒有離子化，和水一樣具有極化現象的原子團，也會和水分子互相吸引形成氫鍵，因此屬於親水基。除了羥基（-OH基）之外，還有其他原子團具有極化現象，例如由硫原子和氫原子構成的硫醇基（-SH基），在相鄰的硫原子和氫原子中，電子會偏向分布於硫原子一側，因此屬於親水基。

反之，不喜歡水的疏水基，就是既無離子化也無極化的原子團。進一步地說，這種原子團在水中不會電離成離子，加上構成的原子具有同等的電子吸引力，因此也不會極化。代表性的疏水基，是一種由烴基構成的原子團。這類原子團難溶於水，其中的碳原子和氫原子對電子的吸引力相等，故電子分布不會不均。這類原子團稱爲烷基。甲基（CH_3-）和乙基（C_2H_5-）就是烷基類的代表性疏水基。

回顧之前提過的乙醇分子（C_2H_5OH）的結構，會發現一件有趣的事。乙醇是一種同時帶有親水的羥基（-OH），和疏水的乙基（C_2H_5-）的化合物。水分子的結構是2個氫原子夾住1個氧原子，乙醇分子則由羥基和乙基夾住氧原子構成。因此乙醇對水，是處於又愛又恨的狀態。羥基想親近水，乙基則想遠離水。

雖然只是筆者的推測，不過乙醇溶液的諸多性質會隨其濃度呈現鐘形曲線的變化，或許就是因爲乙醇和水的含量比不同，乙醇對水的「愛恨」程度就會不同而導致的。

並非真的混合！

前面提過，過去人們一直認爲乙醇具有極端的親水性，是非常容易和水混合的物質。只要混進水中，乙醇分子就會瞬間和水分子成爲均勻混合的乙醇溶液。人們認爲此時的水分子，會和乙醇分子上的羥基以氫鍵結合成新的狀態。而如果將極大量的水與少量的乙醇混合，每一個乙醇分子應該就會被拆散，均勻地溶解在水中。

不過，如果一直以來的想法是對的，實在很難想像均勻溶解在水中的乙醇分子，可以讓酒展現出如此豐富的面貌，還能帶來如此多變的「圓潤感」和「黏膜刺激」。

一份很有意思的實驗報告指出，事實應該並非如此。無論乙醇濃度多低，處在完全由水包圍的環境時，乙醇分子也絕對不會分解溶化在水裡。

提出這項實驗結果的，是當時在愛知縣岡崎市的自然科學研究機構．分子科學研究所擔任教授的西信之博士的團隊。1998年的美國權威學術雜誌《物理化學期刊（Journal of Physical Chemistry）》中，刊登了這項研究成果。

一般而言，分子無時無刻皆處於運動狀態。例如以水分子來說，從氧原子向氫原子伸出的兩隻化學鍵構成的角度，總是不斷地變寬或變窄，鍵的長度也時而伸長、時而縮短。這種運動的激烈程度，會受到溫度等環境條件或其他共存物質所影響。這種分子之間化學鍵的伸長和縮短運動，稱為分子間的伸縮振動。

西博士的團隊用下列的方法，觀測乙醇溶液中的水分子和乙醇分子個別的伸縮振動。

物質受到單色光照射時，其散射光裡包括了振動頻率比照射光低或高的光，這種光線的光譜稱為拉曼光譜（Raman spectrum）。用光線照射乙醇溶液，觀察低頻的拉曼光譜，就可以觀測水和乙醇等以氫鍵結合的分子間的伸縮振動。

為了觀察乙醇溶液的濃度如何影響伸縮振動的變化，西博士的團隊設定了不同

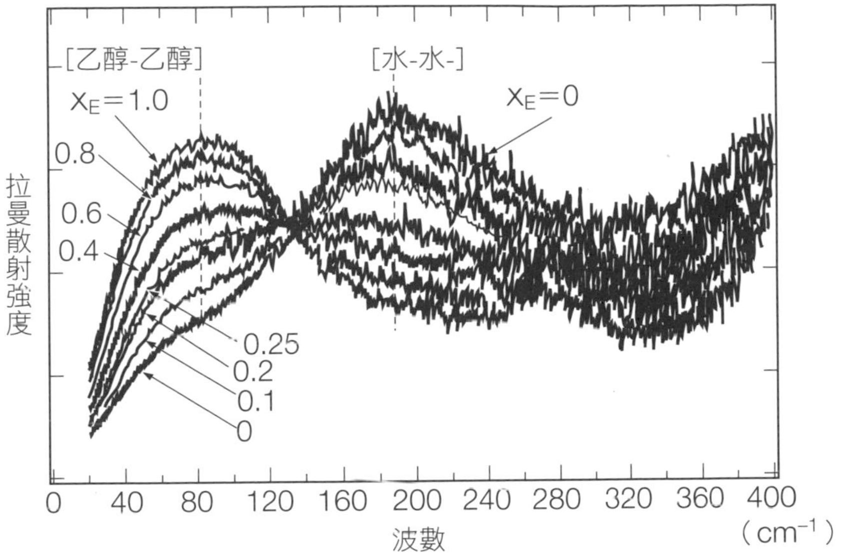

圖 13-7　乙醇溶液的低頻拉曼光譜。X_E 為乙醇的莫耳分率。純水時 $X_E = 0$。

濃度的乙醇溶液（數字爲莫耳分率），分別爲濃度0（純水）、0.1、0.2、0.25、0.4、0.6、0.8、1.0（純乙醇），並個別測定低頻的拉曼光譜。將不同濃度的光譜重疊在一張圖上，就是圖13－7。從這張圖可以看出，純水會在200 cm^{-1}附近出現水分子間的伸縮振動，純乙醇則會在80 cm^{-1}附近出現乙醇分子間的伸縮振動。

西博士團隊從測定結果中發現，隨著乙醇濃度的增加，水分子間在200 cm^{-1}附近的訊號會減少，而乙醇分子間在80 cm^{-1}附近的訊號則會增加。此外，如果分別切斷1對水分子和1對乙醇分子的分子鍵結，並讓乙醇與水分子重組成新的鍵結，就會形成2組新的鍵結。那麼按理來說，在160 cm^{-1}附近就會出現2倍強度的乙醇-水分子訊號極大值，但他們卻沒有觀測到。

還有一項重要發現，在130 cm^{-1}附近，所有濃度的光譜出現了交叉的「等強度點」。「等強度點」只有在某種狀態變化爲其他狀態（就是2種狀態間的變化）時才能觀測到。

這個實驗結果可以解釋爲，無論如何改變乙醇溶液的濃度，溶液中基本上都只有水分子之間的鍵結狀態，以及乙醇分子之間的鍵結狀態而已，不存在水分子和乙醇分子相互鍵結的狀態。但若要說水分子和乙醇分子之間不會發生任何鍵結關係，還是很難令人理解。因此研究者們推測，水-乙醇的鍵結體就算眞的能成形，其壽命也比分子間振動的週期更短，和水分子間的鍵結體及乙醇分子間的鍵結體相比，其量應該也是極端地少。

乍看均勻透明的乙醇溶液，如果從光波長的千分之一的分子次元層級來解析，就會發現水和乙醇絕對不是均勻混合的狀態。實際上，是許多水分子的集合狀態，和許多乙醇分子的集合狀態的混合物，並不斷改變著大小和形狀，持續活動著。這就是西博士團隊獲得的結論。

「新學說」乙醇溶液的結構模型

得到這項實驗結果後，西博士團隊把目光轉向乙醇中乙基的疏水性，提出了很有意思的乙醇溶液結構模型。

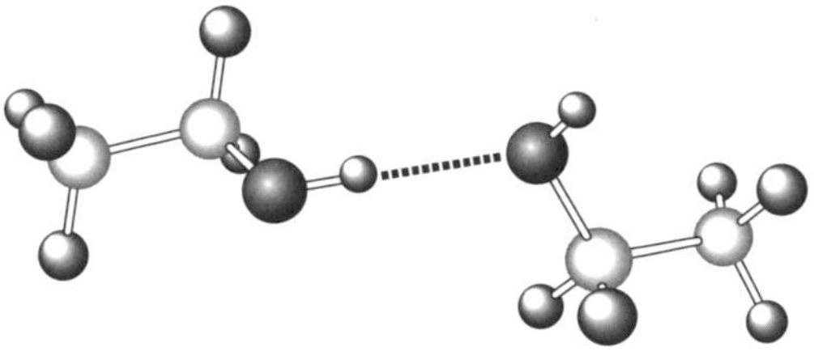

圖 13-8　乙醇二聚體的氫鍵
〈引用自 N. Nishi, *Bull. Cluster Sci., Tech.*, 2(1), 3-7(1998)〉

先來看看乙醇分子，當乙醇的二聚體（Dimer）處於穩定狀態時，會呈現如圖13－8以氫鍵結合的結構。他們確認，當乙醇分子處於這種穩定結構時，拉曼光譜的振動頻率數值會和純乙醇時完全相同。

接著把水加進上述的乙醇中，由於乙醇的乙基屬於疏水基，在疏水效應下，乙基會避開水而相互重疊（疏水交互作用）。乙基的重疊現象，會使乙醇的羥基之間的鍵結加強，形成高穩定度的團簇結構（圖13－9）。團簇（Cluster）就是原子或分子彼此鍵結，並與周圍物質存在

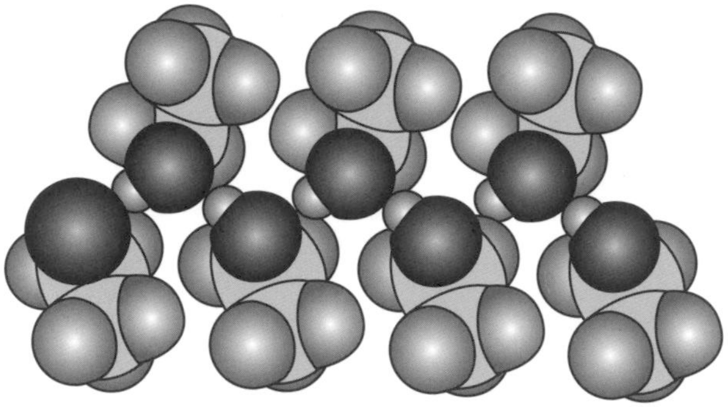

圖 13-9　乙醇團簇的模型

〈引用自 N. Nishi, Bull. Cluster Sci., Tech., 2(1), 3-7(1998)〉

區隔的集合體。

西博士團隊在圖13－10中，表示了這種穩定的乙醇團簇和水分子之間的交互作用。而這也就是乙醇溶液的結構模型。

根據圖片可知，疏水性的乙基之間會在圖的下方（內側）相互緊密鍵結，形成穩定狀態（疏水交互作用）。乙醇的氧原子只存在於這個團簇的上方（外側），乙醇分子之間相互以氫鍵聚集，進一步強化結構。

此時的水分子，會包圍在乙醇團簇的外側。當水碰到疏水性物質時，水分子們會彼此聚在一起以避開疏水性物質，這種狀態稱爲「疏水水合」。前面提過，水通常也會經由氫鍵維持網狀的結構，但疏水水合時，水分子之間的交互作用比一般的水更強，因而促成了這種結構的形成。

由此可知，乙醇溶液是呈現由穩定的疏水水合的水，將乙醇團簇完全包圍起來的

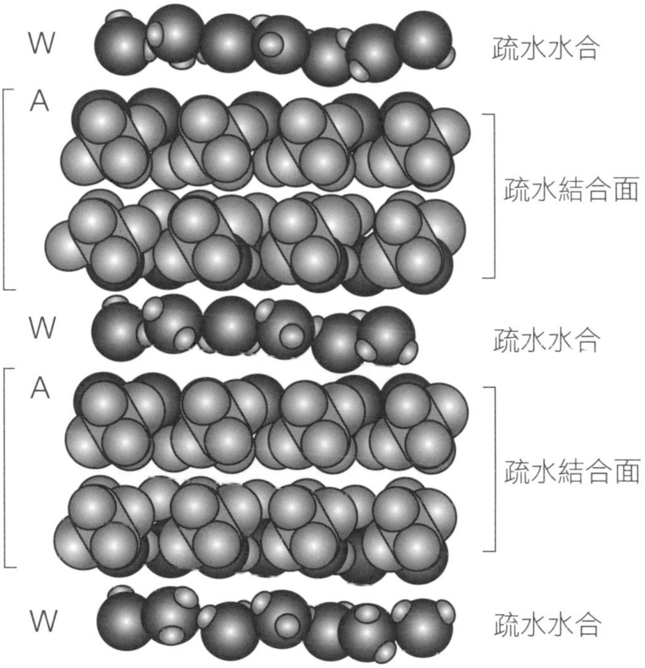

圖 13-10　乙醇溶液的結構模型
W：水分子　A：乙醇團簇

狀態。圖13－10只將水團簇描繪成最小的1分子厚度，不過隨著水的量比增加，水團簇也會增厚，乙醇團簇會變小。而形成疏水水合的水層外側，存在名爲「整體水物（bulk water）」的普通水分子集團，其量也會隨水的量比而增減。

以這個結構模型來看，乙醇溶液中的乙醇團簇，應該比水的團簇更穩定。藉由「絕熱膨脹破裂」法，也確認了這個事實。

這種方法是在眞空中製

造乙醇溶液的液滴流，因內部能量使液滴流呈粉狀膨脹飛散後，取其碎片進行質譜分析。根據分析結果，剩下的碎片大多都是乙醇團簇，幾乎沒有水團簇。乙醇是經由乙基之間的疏水鍵結和羥基之間的氫鍵形成團簇，且外側又由疏水水合的水分子包圍，因此會比水團簇穩定，這樣想就可以輕易理解實驗結果了。

另外，圖13－10所示的乙醇溶液結構模型，並不像固體結晶一樣，在空間上經常處於固定的結構。液體的結構，是要用「當你著眼於特定的分子時，該分子周圍存在什麼樣的分子，有幾個、距離多遠，並以時間下去平均」的方式來思考。乙醇溶液裡的每個乙醇分子和水分子，也是處於不斷活動的狀態，但由於乙醇與水之間存在特殊的交互作用，故平均後就成為了這樣的結構，這才是比較適當的思考方向。

多樣性的關鍵是「黏膜刺激」和「水合殼」

在西博士團隊提出乙醇溶液的結構模型時，其中的疏水水合現象受到了關注。這個現象其實從過去就已為人所知。近年受到矚目的新型資源——甲烷的晶籠水合物（clathrate hydrate），就是與我們比較接近的例子。由於這種甲烷化合物十分易燃，又被稱為「可燃冰」，各位讀者或許也多少知悉。

甲烷水合物在低溫且高壓的環境下處於穩定狀態，大量存在於在西伯利亞的永凍土，以及水深500公尺以上的海底地層中。甲烷屬於疏水性物質，被具疏水水合結構的水包裹在內，故能以穩定的狀態存在。據說甲烷水合物的蘊藏量，是全世界天然氣蘊藏量的數十倍。和煤炭及石油相比，甲烷氣體是對地球環境比較友善的能源，是備受期待的次世代資源。

像甲烷這樣的疏水性物質與水共存時，就會形成疏水水合狀態。不過，西博士團隊的乙醇溶液結構模型提出了新觀點：像乙醇這種易溶於水的物質，也會形成疏水水合狀態。水分子以疏水水合的方式包圍住乙醇團簇，這個論點非常有意思。西博士的團隊將這種狀態的水稱為「水合殼」，殼（shell）指的是貝殼或包覆植物枝幹的外皮。就像貝殼或植物外皮包圍守護著生物體一樣，在乙醇溶液中，除了有穩定狀態的乙醇分子外，還有水合殼保護著乙醇團簇吧。

以這個結構模型來看，依照水合殼的厚度及穩定性不同，由水合殼所保護的乙醇團簇，其穩定性應該也各不相同。這會連帶影響乙醇左右威士忌味質的「黏膜刺激」，也極有可能造成「圓潤感」和「辛辣味」的豐富變化。

一直以來，科學家都認爲，如果混合純水與純乙醇，水和乙醇會藉由氫鍵形成新的結合體，使溶液更加結構化。這種想法其實只考慮到乙醇的親水基，也就是羥基而已。實際上，純水與純乙醇應該已經各自擁有相當程度的氫鍵結構。把這樣的純水與純乙醇混合後，或許水分子和乙醇分子之間確實會形成新的氫鍵，但同時水分子之間的氫鍵，或乙醇分子之間的氫鍵也會被剪斷，應該不能單純認爲整體結構化的程度有增加吧？所以這樣的說法，筆者過去一直想不通。

相較之下，純水與純乙醇混合後，會新形成具有疏水水合結構的水分子，以及在疏水交互作用下結構強化的乙醇團簇，整體來說結構化的程度更高，這樣的想法應該是比較合理的。在思考乙醇與水的交互作用時，除了乙醇的親水性外，也考慮到了疏水性，這樣才眞正可以說明乙醇溶液的奇妙狀態吧？

對於水和乙醇的神祕現象，筆者多年來一直很介意，接觸了西博士的研究後，才終於大開眼界。

第14章 「口感圓潤」的原因

再次登場的意外「演員」

熟陳為什麼能造就「圓潤」的口感？

人類發明蒸餾酒後，才開始對酒精的味道產生興趣。不過，在那之後還經過了一段很長的時光，人們才知道用木桶貯藏會讓酒更好喝。西部劇裡的牛仔，在吧檯邊舉起酒杯豪飲的威士忌，大概幾乎都是未經貯藏的新酒。美國的禁酒令時代（1920～1933年）時，威士忌的品質也良莠不齊。經過嚴格貯藏管理的威士忌真正普及化，其實是近代以後的事了。若要讓威士忌更好喝，就必須耗費99％以上的製作時間來貯藏，這個做法要爲大衆所接受，應該也需要經歷相當的時間吧。

那麼，爲什麼將威士忌放在木桶裡貯藏，就會變得好喝？探究起原因，還是有許多未解之謎，但看過本書前面幾章的內容後，應該也多少可以解釋了。在木桶這個小宇宙裡的故事即將邁向終局前，再概略複習一次熟陳的過程吧。

首先，製麥、糖化、發酵、蒸餾的各項工程，生成了新酒中的物質。這些物質經過反覆的化學變化並熟陳後，產生了花果般的酯類香氣。接著在貯藏階段，木桶板材裡的物質溶出到威士忌原酒中。令人頭痛的木質素分解後，經過漫長時光形成各種物質，爲威士忌提供香草般的華麗香氣。這些成分的量雖然都不多，但在熟陳香氣的形成中都扮演了舉足輕重的角色。

帶來「香氣」的成分，應該就是這樣熟陳的。那麼，「味道」又如何呢？

透過乙醇味覺刺激產生的「甜味」，和透過「黏膜刺激」產生的「辛辣味」，兩者加起來就是我們感受到的乙醇味，而「黏膜刺激」的影響又特別大。在前一章裡，我們也看到乙醇和水之間的特異關係，使乙醇溶液具有許多奇妙的性質，也介紹了新的分子結構模型。

然而，還有幾個尙待探討的問題：結構簡單的乙醇分子，爲何能替威士忌帶來多樣的風味？而威士忌的味道，又爲何會隨著熟陳變得「圓潤」？

這裡，要請威士忌同源物再次登場。如前所述，威士忌同源物是由板材溶出到威士忌中、不易揮發的高沸點成分，經過長年熟陳變化後的物質總稱。這些物質帶有充滿熟陳感的厚實甜香，但實際嘗嘗卻平淡無奇。威士忌同源物的味道雖然平淡，考

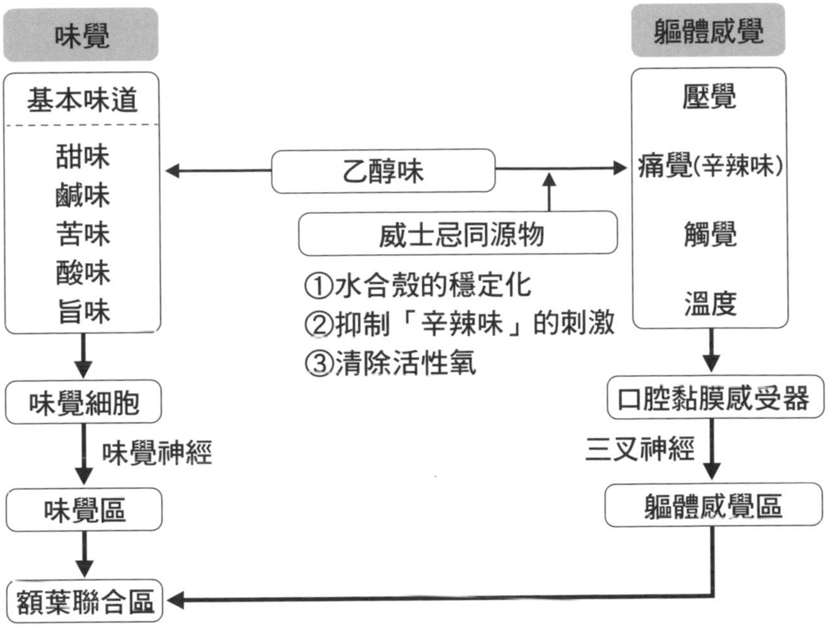

圖 14-1　威士忌同源物對「酒精（乙醇）的味質」的影響

處到它對「黏膜刺激」的影響，在威士忌風味的形成上應該還是有所貢獻的。

威士忌同源物對乙醇的「黏膜刺激」的影響，具體條列如下3點（圖14－1）：

①有助於包圍乙醇的水合殼的穩定化。

②緩和乙醇的「黏膜刺激」。

③清除乙醇的「黏膜刺激」時產生的活性氧。

新酒如同年輕武士般粗曠的味質，為何隨著逐漸熟陳，就會轉變爲成年人般成熟的「圓潤」風味？在木桶小宇宙的探索之旅中，讓我們依照圖14－1的順序，挑戰最後一站的謎題吧！

從「熱」觀察分子活動

威士忌的「圓潤感」，推論是由西博士團隊提出的乙醇溶液結構造成的，如前章所述，這種結構在乙醇和水的交互作用下形成。再進一步說，就是水合殼使乙醇團簇穩定化，從而使威士忌具有圓潤感。而威士忌同源物，應該有助於這種結構的穩定（圖14－1的①）。以下將說明其理由，不過在那之前，必須先了解乙醇溶液的構造在熟陳前後發生了什麼變化，這些變化又爲什麼發生。此乃解開熟陳產生「圓潤感」之謎的第一步。

熟陳完畢的威士忌原酒中含有相當多成分，因此並不容易觀察乙醇和水在原酒中的交互作用。不過，就算在複雜的系統裡，許多變化仍然會有對應的「熱」現象發生，因此可以使用「熱」爲指標，觀察整體的系統狀態變化。就像我們想知道身體狀況，就要先量體溫一樣。

筆者使用了示差掃描熱析儀（Differential Scanning Calorimeter，以下稱ＤＳＣ），觀察乙醇和水在威士忌中的狀態。下面以乙醇溶液爲例，說明ＤＳＣ的測定方式。

在常壓的條件下，將水的溫度降低到０℃以下，就會變成冰晶。就像第13章提過的，這種冰的分子具有六角形的空洞（六方晶體），結晶的結構穩定。爲了轉變爲這種穩定的結晶結構，水在結凍時會放出大量的能量，可以觀測到放熱現象（80 cal／g），這就是凝固熱。

乙醇結凍時的溫度，依不同濃度如下所示。當乙醇水溶液的濃度和威士忌商品一樣在40％左右時，凝固點約爲零下24℃；和威士忌原酒一樣在60％左右時，約爲零下39℃；純乙醇則會在零下１１４．５℃結凍。圖14－２表示各種濃度的乙醇溶液結凍時，以ＤＳＣ測得的放熱量。

從這個圖表可以發現，和純水不同，純乙醇（濃度１００％）結凍時，溫度下降的過程中不會觀測到放熱峰。這是因爲乙醇在急速冷卻時並不會結晶化，而是以非晶質的狀態硬化。這種狀態稱爲「玻璃態」，分子不會整齊排列，而是分散存在。正如這個實驗結果，乙醇從液態到玻璃態的過程中，並無伴隨類似凝固熱的大量熱能進出現象。

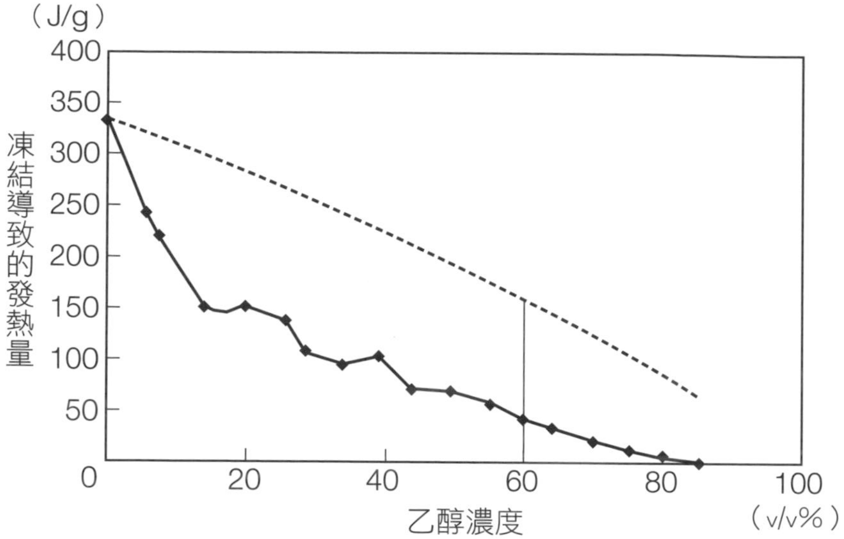

圖 14-2　乙醇溶液凍結產生的熱値

其他各濃度的乙醇溶液，結凍時都會觀察到放熱峰，但考量純乙醇的上述性質，這應該是乙醇溶液中的水在結凍時結晶化的影響。

至於圖14－2裡的虛線，表示的是假設乙醇溶液中的水全部結晶化（變成冰）時，每克實驗樣品的放熱量與濃度的關係。兩相比較後，發現實際測得的放熱量比這個數值小很多。推測是因爲乙醇溶液中有大量水分子並未形成結晶，而是以玻璃態結凍所致。例如以乙醇濃度60％的溶液來說，實際放熱量是計算數值的28％左右，表示乙醇溶液裡的水有28％左右形成結晶，其餘約72%則是以玻璃態存在。換言之，乙醇濃度60%的溶液中，約有4分之3的水並未結晶化，而是和乙醇一樣凍結成玻璃態。

凍結乙醇溶液時，部分的水會像這樣在冷卻的初期凝固成冰晶，也有部分並未結晶化的水，和乙醇一起硬化成玻璃態，可見實驗樣品的水未必是處於均勻的狀態。了解這點後，再用ＤＳＣ檢測乙醇溶液的結凍過程及融解過程，應該就能在一定程度上推測出水和乙醇的分子間究竟有何交互作用。以前章提到的結構模型爲例，乙醇團簇周圍存在由水合殼構成的水，這些水分子的連結相當堅固，結構上很穩定，因此一定會比「整體水物（普通的水）」更難結凍、更易融解。

60%乙醇溶液的融解過程

可惜，由於乙醇溶液在結凍過程中會發生「過冷」現象（溫度低於凝固點卻未立刻結凍），實際上很難獲得具再現性的實驗結果。不過對於結凍後的融解過程，倒是可以測得再現性良好的數值。

那麼接下來就利用ＤＳＣ，將濃度約60%的乙醇溶液冷凍後，觀察其逐漸融解的

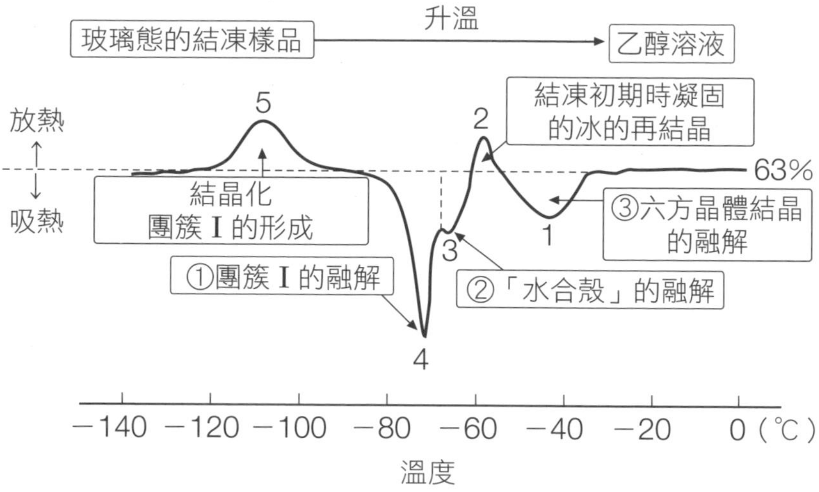

圖 14-3　結凍的 60% 乙醇溶液的融解過程

過程。隨著溫度上升，可以觀察到熱的進出（即熱變化曲線分析圖，Thermogram），代表樣品融解的過程。從觀測的結果，便能判讀水和乙醇在溶液中是以何種狀態存在。再與前章介紹過的，由西博士團隊提出的乙醇溶液結構模型對照，就會發現有許多有趣的符合之處。以下就加入我的想法，試著解釋實驗數據。

將濃度60%的乙醇溶液急速冷凍後，讓溫度以一定的速度上升，會經歷2次伴有放熱現象的變化，以及3次伴有吸熱現象的變化，可繪製出如圖14－3的曲線。

急凍的60％乙醇溶液中，含有結晶化的冰、玻璃態的水和乙醇。將此樣品的溫度提升，首先會在零下110℃時出現一個放熱峰（尖峰5）。這個放熱峰的發生，是因為以玻璃態固化的水和乙醇開始依序恢復活動，玻璃態的水將乙醇包圍住，形成「團簇Ⅰ」這個結晶結構。原本的水分子是以分子排列不規則的玻璃態存在，為了變化成排列整齊的結晶結構，便會出現放熱現象。此時的水分子會將乙醇分子包圍，形成晶籠水合物。

接著，在零下72～零下74℃附近，出現了一個吸熱峰（尖峰4）。這個吸熱現象代表了「團簇Ⅰ」的融解。「團簇Ⅰ」的結晶結構，需要相當多的能量才能融解，因此可以觀測到明顯的吸熱峰。原爲玻璃態的水和乙醇，此時已成爲融解狀態。

另外，假定以西博士團隊的結構模型爲前提，那麼形成「水合殼」的水，以及在結凍過程初期伴隨放熱現象結凍的水，此時皆會以冰晶的狀態殘留在溶液中。兩者雖然都處於結晶結構的結凍狀態，但由於形成水合殼的水分子更爲穩定，會比普通的水在更低溫時形成冰晶，也會在更低溫時融解。零下65～零下70℃時出現的吸熱峰（尖峰3），就是這個變化的表現。

形成水合殼的水在尖峰3處融解時，在結凍初期凝固的冰仍未融解。這部分的冰會在零下60℃左右伴隨放熱現象再結晶化（尖峰2），並從零下47℃開始融解（尖峰1），直到溫度上升至零度。這部分一定就是存在於水合殼外側、與乙醇團簇沒什麼關聯的整體水物。與純水相比，水合殼以外的水的網狀結構已遭受相當的破壞，因此部分應該會形成冰晶，其餘則爲固化的玻璃態。

以上就是將結凍的60％乙醇溶液的融解過程，用ＤＳＣ解析的結果。這張熱變化曲線分析圖，是筆者在將近40年前提出的報告。然而，對於實驗數據的解釋，則參考了西博士團隊的結構模型，故得以獲得相當明確的結論。反過來說，這張熱變化曲線分析圖，應該也證明了結構模型的正確性。

意外的關鍵角色

接下來，終於要用ＤＳＣ來探討，威士忌裡的水和乙醇究竟會在熟陳中發生什麼交互作用了。筆者使用貯藏12年的熟陳威士忌原酒，以及未經貯藏的新酒，將兩者分別結凍後再慢慢加熱，並比較其融解的過程。獲得兩者的熱變化曲線分析圖後，便能看出熟陳時發生了什麼變化。

兩者的測定結果，繪製成圖14－4的熱變化曲線分析圖。上圖爲熟陳威士忌原酒，下圖爲新酒。從圖中可以發現，和新酒相比，熟陳威士忌原酒融解時，推測屬於水合殼部分的冰的融解峰（尖峰3）更大，推測屬於整體水物的冰晶的融解峰（尖峰2和尖峰1），以及玻璃態的水和乙醇的融解峰（尖峰5和尖峰4）則更小。

這兩張熱變化曲線分析圖，是否表示在熟陳的過程中，威士忌裡形成水合殼的水量變多了？而這會進一步使乙醇團簇穩定化，從而產生「圓潤感」。換言之，「黏膜刺激」會經由熟陳轉變爲「圓潤感」，是因爲形成水合殼的水量變多的緣故。

那麼，爲什麼威士忌熟陳後，參與形成水合殼的水會變多？這其中是否有某種物質的作用？

爲了研究這一點，筆者便試著將威士忌原酒拿去蒸餾後，以DSC測定蒸餾液。結果發現，參與形成水合殼的水量比原本的原酒少，並呈現出和新酒相同的結果。

推測這是因爲在蒸餾後，某種促使形成水合殼的水變多的物質，從威士忌原酒中被除去了。說到會經由蒸餾除去的物質，就是容易揮發的高沸點成分，也就是在漫長的貯藏期間從木桶溶出並成形、屬於木桶溶出物質的威士忌同源物。

謹愼起見，筆者再將威士忌同源物加入這批蒸餾液，並用DSC測定。如筆者預

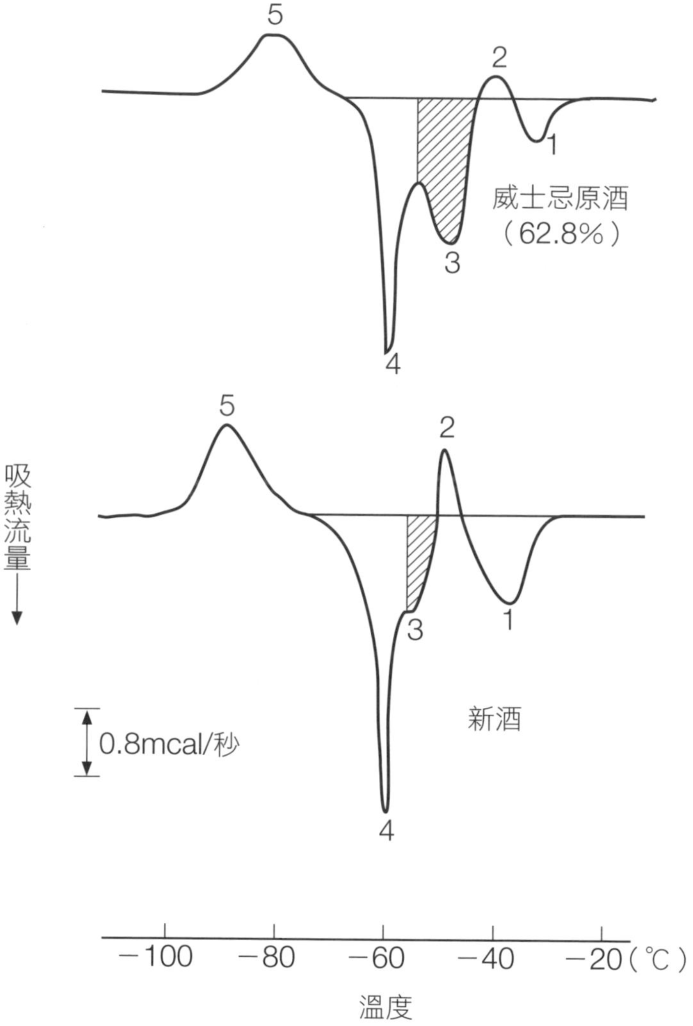

圖 14-4　結凍的熟陳威士忌原酒（上）和新酒（下）的融解過程

料，結果和原本的威士忌原酒一樣，形成水合殼的水變多了。

接著，筆者又將威士忌同源物，以不同的濃度加入新酒中進行測定。圖14－5即爲其熱變化曲線分析圖。隨著威士忌同源物的添加量增加，推測形成水合殼的水的融解峰（尖峰3）會變大，而形成普通冰晶的整體水物的融解峰（尖峰2和1），以及玻璃態的水和乙醇的融解峰（尖峰5和4）則變小。尤其威士忌同源物的含量達到10000ppm時，只剩尖峰3還存在。

根據以上實驗應該可以推測，就是威士忌同源物這個由木桶溶出的不揮發物質，讓水合殼的水變多，並促進了水合殼的形成。這就是威士忌同源物再度粉墨登場的始末了。

香草醛與多酚類的活躍

那麼，在威士忌同源物中，哪一種成分對於增加水合殼的水貢獻較大？筆者進行一番調查後發現，當加入新酒的添加物中，有較多由橡木板材的木質素和單寧產生的化合物時，參與形成水合殼的水量就會增加得特別多。如第11章提過的，木質素是形

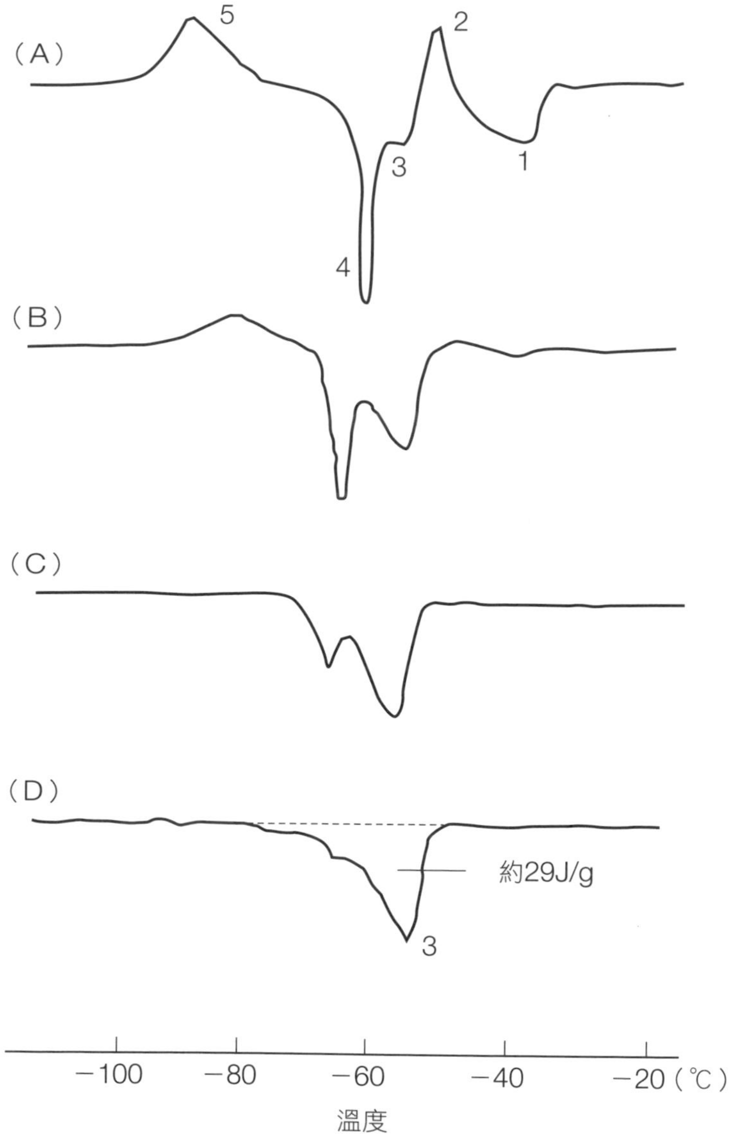

圖 14-5　威士忌同源物對新酒融解的熱變化曲線分析圖造成的影響
（A）0ppm，（B）3,000ppm，（C）7,000ppm，（D）10,000ppm
（指不揮發物質量）

成細胞壁的高分子物質，單寧則是保護細胞的高分子物質，然而，兩者都會在漫長的貯藏期間分解，其分解物會彼此作用，形成反應生成物。木質素被徹底分解後，會產生以苯丙烷爲結構的香草醛等物質，單寧分解後則會產生沒食子酸、單寧酸和鞣花酸等多酚酸類。

這些木質素和單寧產生的物質，多半是由疏水性的芳香環（苯環）和親水性的羥基、醛基或羧基結合而成的化合物。對水又愛又恨的60％乙醇濃度的威士忌原酒，溶在其中的成分，果不其然也具有對水又愛又恨的性質。

前文提過，同時具有親水和疏水性質的化合物，稱爲「兩親性物質」，肥皀就是最極端的例子之一。汙垢的主要成分是油，肥皀可以讓油充分混進水中流掉，是「水與油」的媒合者。不過，乙醇的疏水性並不像油那麼極端，做爲同時具備疏水性和親水性的化合物，這種性質可以讓乙醇分子在水溶液中集結成團，以被水合殼包圍的狀態漂浮其中。威士忌同源物裡含有許多兩親性物質，所以才能增加水合殼的量，讓溶液中的乙醇分子更加穩定吧。

然而，這些木桶溶出物質，具體究竟是如何讓形成水合殼的水變多，如何促進容易結構的穩定化，目前仍是個謎。能確定的只有這一點：這些物質會因應60％乙醇溶液的疏水性／親水性的平衡，選擇性地溶入原酒，並在這個平衡的環境下花費漫長時間逐漸成形。那麼相反地，這些物質也有助於穩定這個環境的平衡，這麼想也不無道理吧。乙醇分子是構成乙醇溶液的基本單元．因此可進一步推測，這些物質對於穩定乙醇分子本身的疏水性／親水性的平衡，或許也有貢獻吧？

對於乙醇這種化合物，一般來說，人們不會需要考慮什麼疏水性和親水性平衡之類的問題。然而，關係到酒品風味的「官能」，在這個極度追求細膩的領域中，乙醇同時具備親水性和疏水性的性質，就有很大的意義了，這便是屬於娛樂品研究的奢侈樂趣。

不過，威士忌原酒通常會再加水，讓乙醇濃度降低到40％左右才製成商品，這種加水的步驟稱爲調和。筆者曾經將加水調整到40％左右的熟陳威士忌，和新酒分別冷凍後，比較兩者的融解過程。結果就和60％的原酒一樣，熟陳威士忌中參與形成水合殼的水，比新酒裡的量更多。就算加了水，熟陳後產生的「圓潤感」依舊保存下來。確認這一點後，總覺得放心了不少。

「黏膜刺激」與高球酒的滋味

威士忌同源物不僅能促進水合殼的穩定化，應該也能緩和乙醇的「黏膜辛辣刺激」，或影響「甜味」與「辛辣味」的平衡（圖14－1的②）。乙醇會經由口腔黏膜上的辣椒素受器，對感官造成痛覺刺激。這和辣椒的辛辣成分「辣椒素」的作用機制相同。除了乙醇和辣椒素，雖然也有其他食品成分會造成「黏膜刺激」，但並不會經過香草素受器（即辣椒素受器），因此，造成刺激的方式和乙醇不同。以下爲了區分乙醇的「黏膜刺激」和其他物質的「黏膜刺激」，特別將前者稱爲「黏膜辛辣刺激」。

近年來，威士忌高球酒（Highball）廣受歡迎。高球酒是將氣泡水加入威士忌的飲用法，和加水飲用的「水割」相比，應該不少人都可以感覺出兩者味質的不同。筆者實際以相同比例調配後品嘗，發現差異比想像中更大。嚴格來說，比較時應該要先除去氣泡水中的二氧化碳，實際嘗試後（要完全除去二氧化碳非常困難）依然能感受到相當大程度的差別。當然味覺的感受因人而異，不過一般來說，大多都認爲高球酒嘗起來比較甜。

最近的研究發現，氣泡水中含有些微的酸味，不過當氣泡水入口時，最明顯的感受還是由二氧化碳的「黏膜刺激」帶來的「刺激味」。在口中彈跳的二氧化碳氣泡對軀體感受器造成刺激，這種刺激雖然也是經由三叉神經傳導，但和乙醇經由辣椒素受器造成的「黏膜辛辣刺激」並不相同。辣椒素受器同時是感知高溫的感受器，而二氧化碳的感受器雖然也是溫度感受器，但反應似乎沒有那麼明確。有趣的是，肉桂（桂皮）帶有甜甜的香氣與獨特的澀感，還有微弱的辛辣味，接收到這些刺激的感受器，和二氧化碳是一樣的。二氧化碳的「黏膜刺激」雖然會帶來氣泡迸裂的彈跳感，卻不至於造成疼痛或灼熱。

口腔裡的軀體感受器以味蕾周邊爲主，廣泛分布於口腔黏膜上。目前已有許多以神經科學方法進行的研究，探討軀體感覺刺激和味覺刺激的交互作用。以辣椒素這種辛辣物質爲例，它會刺激三叉神經、幾乎不刺激味覺神經，但如果投予高濃度的辣椒素，就會降低人對鹹味的感受性。一般來說，對軀體感覺的刺激經常會影響味覺的感受性，因此對於人類的感官而言，軀體感覺可能優先於味覺。

另一方面，過去就有報告指出，當人體同時接收到較弱的刺激（如觸覺）和較強的刺激（如痛覺）時，軀體感覺會抑制較強的刺激。這就是所謂的「閘門控制理論

（Gate Control Theory）」。軀體感受器原本就是在身體遭受傷害時，以「疼痛」等感受來提醒我們的警報器，由於這是個體維持生命必須的資訊，我們很難「習慣」疼痛。然而，一天到晚都在疼痛也不是辦法，因此，生物也具備了緩解疼痛感的機制。例如肚子痛時，我們用手揉揉肚子，就可以舒緩不適。自1965年提出「閘門控制理論」以來，人們對生物體內的痛覺控制結構進行了諸多研究。在麻醉、針灸和按摩等領域，也積極採用以刺激皮膚來緩和疼痛的手法。

筆者認爲，口腔裡或許也發生了相同狀況。當二氧化碳在口腔內的「黏膜刺激」，和乙醇的「黏膜辛辣刺激」同時被感受器接收時，「黏膜辛辣刺激」會受到抑制，進而影響乙醇的「甜味」/「辛辣味」平衡，改變了高球酒的味質。筆者一邊品飲威士忌高球酒，一邊思考這件事，不知不覺，酒杯也逐漸見底。

「黏膜刺激」與威士忌同源物

威士忌中，也包括會造成「黏膜刺激」的成分，就是包含威士忌同源物在內的威士忌多酚。就像前面提過的，多酚類化合物會與上皮細胞裡的蛋白質結合，造成「黏膜刺激」。適度的刺激有益風味，例如茶葉裡的兒茶素，就會帶來好喝的「澀味」。然而，這畢竟是對傷害感受器的刺激，如果脫離了享受的程度，那可就不樂見了，澀柿子的澀味就算是一例。威士忌裡的多酚類包括鞣花酸、單寧酸和沒食子酸等，刺激的強度不至於讓飲用者感受到「澀味」。威士忌同源物也只有略澀的程度而已，但確實是與上皮蛋白質結合產生的「黏膜刺激」沒錯。另外，威士忌中溶有相當分量的高分子多酚，雖然會帶來「黏膜刺激」作用，但「澀味」程度應該也不怎麼高。感知單寧和多酚的「黏膜刺激」的部位，與感知乙醇「黏膜辛辣刺激」或二氧化碳「黏膜刺激」的部位不同，感受器傳導的機制可能也不一樣。

以威士忌來說，沒食子酸、單寧酸和鞣花酸這3種成分，占了多酚總含量的30%左右，其中以帶有沒食子醯基的沒食子酸和單寧酸，「黏膜刺激」特別強（圖14－6）。威士忌多酚的狀況和二氧化碳一樣，威士忌多酚造成的「黏膜刺激」和乙醇造成的「黏膜辛辣刺激」同時被感受器接收時，「黏膜辛辣刺激」就會受到抑制。結果就是乙醇的「甜味」／「辛辣味」平衡受到影響，改變了威士忌的味質。

如果向經驗豐富的酒保詢問「有沒有適合做成高球酒的威士忌？」經常會得到「風格輕盈的金黃色單一麥芽威士忌」這樣的答案。在雪莉桶中長年貯藏的威士忌會變成泛紅的琥珀色，木桶溶出的多酚等不揮發物質的含量也比較多，感覺不太適合高球酒。或許是因爲用多酚類含量多的威士忌做成高球酒，乙醇的「黏膜辛辣刺激」會太溫和，喝起來會覺得少了什麼吧。筆者曾實際將用雪莉桶貯藏多年的威士忌做成高球酒，以筆者的感覺來說，確實覺得太甜了。

最近常聽人說，泥煤味強烈的艾雷島單一麥芽威士忌高球酒很好喝。當然，喜好因人而異，應該也有持反對意見的人，無論如何，這應該都是威士忌同源物經由「黏膜刺激」，緩和了乙醇的「黏膜辛辣刺激」的功勞。

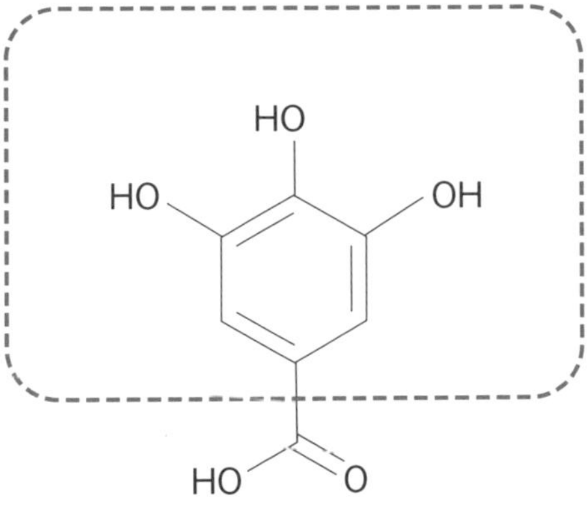

圖 14-6　沒食子酸和沒食子醯基

雖然前面都用「多酚類」概括，不過「黏膜刺激」的強度和質感除了受到含量的影響外，照理來說應該也會因多酚的內容組成而異。光是沒食子酸經由沒食子醯基縮合而成的寡聚物多酚類化合物，就已超過２００種。以威士忌來說，構成所謂威士忌多酚的3種物質，也只占了多酚總含量約30％而已。在分子量1萬以上的成分裡，也存在相當數量的各類多酚。如果這些物質會讓乙醇的「黏膜辛辣刺激」產生微妙的差異，進而改變威士忌的味質，那麼威士忌的品質如此豐富多樣，也不足爲奇了。

由於軀體感覺優先於味覺，威士忌同源物的「黏膜刺激」不僅能緩和乙醇帶來的「黏膜辛辣刺激」，應該也會影響乙醇的味覺刺激（尤其是「甜味」）。先前提過的嶋谷幸雄先生在其著作《威士忌交響曲》中，以「在神之手的操縱下，經木桶熟陳，奏出香味多元的和聲」形容威士忌的魅力。乙醇和威士忌同源物的軀體感覺的合奏，在形成「香味多元的和聲」上，或許發揮了很大的作用。

「活性氧」與口腔內的抗菌活性系統

威士忌同源物對乙醇「黏膜辛辣刺激」的第3個影響，是威士忌同源物清除活性氧的能力（圖14－1的③）。

氧分子除了O_2以外，還包括幾種化學反應活性很強的分子物種，稱爲「活性氧」。由於存在未配對電子，每種活性氧都具有很強的氧化力，會傷害細胞及生物分子。另一方面，活性氧也會和微生物等外來入侵物戰鬥，保護我們的身體，因此對於生存還是必要的。

細胞每天會產生10億個活性氧分子，同時也具有不斷清除活性氧的機制。清除活性氧的酵素，最知名的就是SOD（超氧歧化酶，Superoxide Dismutase）和POD（過氧化酶，Peroxidase）。如果人體內沒有活性氧，我們會因感染而死，如果不清除活性氧，細胞又會受到損傷，長期累積的氧化效果，更與動脈硬化等各種生活習慣病及癌症有關。

口腔是個包含營養物質、溫度與溼度適宜的環境，因此成爲微生物的良好居所，也同時準備了多種抗菌系統，「過氧化酶抗菌機制」就是其中之一。人類唾液中就含有POD，口腔裡有許多細菌，活躍的細菌會分泌旺盛的活性氧（H_2O_2），唾液POD發揮觸媒的作用，在清除活性氧的同時，也將唾液成分轉變爲抗菌物質，抑制細菌的繁殖。如此一來才能控制細菌，不至於過度活動。

此外，唾液中也有許多白血球。白血球的作用是將細菌和異物攝入體內後殺死並消化，也就是吞噬作用，但同時也會產生活性氧。白血球尤其會集中在口腔黏膜上的發炎部位，或牙周病的患部周圍。白血球分泌的活性氧，也會經由唾液POD等酵素清除。

口腔是入侵者和身體的攻防戰場，活性氧做爲戰爭的武器會不斷生成，也持續被消滅。

威士忌多酚清除了「活性氧」

根據近期對胃的了解，當我們攝取乙醇、刺激胃裡的辣椒素受器時，會產生活性氧。這些活性氧如果沒有完全被清除，就會損傷胃黏膜，引起發炎。除此之外，這些活性氧還會活化傷害感受器，使我們對疼痛更加敏感，如果有發炎現象，活性氧就會在發炎部位作用，增強並拉長疼痛感。

雖然程度不同，但筆者認爲，和胃同屬消化器官的口腔裡，或許也有相同的狀況。在喝下威士忌後的血管擴張狀態下，乙醇引起「黏膜辛辣刺激」時，應該就會產生活性氧。如果有牙齦膿腫等症狀，即便只是一個很小的發炎傷口，可能都會促進活性氧的產生。其中恐怕也有些活性氧分子，無法被唾液ＰＯＤ瞬間清除，就會增強並拉長乙醇的「黏膜辛辣刺激」。結果可能導致乙醇的辛辣味更強烈，而且尾韻拖得更

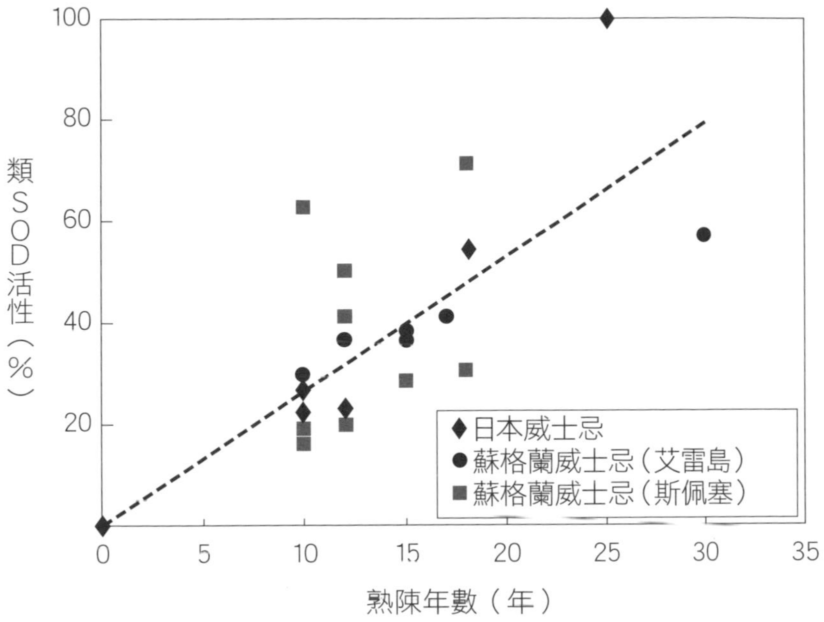

圖 14-7　單一麥芽威士忌的熟陳年數與活性氧清除能力
（以類ＳＯＤ活性做為活性氧清除能力的指標）

久，形成一種不乾不脆的味質。

不過，知道威士忌具有強大的活性氧清除能力後，就不必擔心了。

圖14－7表示了貯藏10～30年的單一麥芽威士忌的活性氧清除能力（類ＳＯＤ活性），從圖中可以發現，隨著貯藏年數增加，活性氧清除能力也愈好。雖然評價的樣本只有蘇格蘭（艾雷島和斯佩塞）和日本威士忌，但貯藏年數和活性氧清除能力的關係，無論產地皆

表現出相同的傾向。

除了類ＳＯＤ活性外，威士忌的類ＰＯＤ活性也很強。活性氧清除能力的活性取決於威士忌同源物，其中幾種特別有助於清除活性氧，依重要程度排序如下：單寧產生的鞣花酸和沒食子酸，以及木質素產生的Lyoniresinol、丁香醛和香草醛。不過將前3名的活性加起來，也只占了威士忌總活性的15～20％，因此除了上述幾種化合物之外，威士忌同源物中應該還有很多能增進清除能力的成分。在分子量1萬以上的酚類成分中，也存在活性成分，對活性氧的清除能力貢獻了15％左右。

許多植物成分都具有活性氧清除能力，其保健效果近年頗受重視。威士忌同源物清除活性氧的能力，和這些保健成分相比有過之而無不及。對於威士忌熟陳香味的發現，威士忌同源物也有很大的貢獻。

由水膠囊包裹的「搖籃」

讀者看到這裡或許會認爲，木桶溶出的威士忌同源物，幾乎包辦了所有威士忌的熟陳工作。

然而，實情絕非如此。假如我們將威士忌原酒拿去蒸餾，除去威士忌同源物（不揮發物質），獲得的蒸餾液仍然具有實實在在的香氣。反之，即使在貯藏前的新酒中加入威士忌同源物，也完全無法就此成爲威士忌原酒。熟陳，絕非這麼單純的事。

不過，乙醇那種具刺痛感的刺激，在蒸餾威士忌原酒後的蒸餾液中確實會比較強，而再加入威士忌同源物後，也確實能緩和這種刺激感。

光靠木桶溶出的威士忌同源物，是無法完成熟陳大業的。不過，在長年貯藏期間緩緩溶入原酒的橡木板材物質，在60％乙醇溶液的環境中反覆進行各種化學反應，最終創造出豐富多樣的成分群，這是只有在威士忌身上才找得到的。

經過反覆的化學反應後，就形成了威士忌同源物，尤其是木質素和單寧的分解物質，在水合殼的結構穩定上扮演了「搖籃」般的角色，使水合殼可以更穩固地包住乙醇團簇。比起水合殼，稱爲「水膠囊」說不定更貼切。被包在經過「搖籃」穩定化的「水膠囊」裡，乙醇團簇才得以爲我們提供適度的「黏膜辛辣刺激」。而「黏膜辛辣刺激」本身也不單純，其刺激的程度和狀態，會因與乙醇共存的各種威士忌同源物成分的「黏膜刺激」而產生微妙變化，從而呈現出多樣化的「甜味」／「辛辣味」平衡。此外，推測在乙醇「黏膜辛辣刺激」下產生的活性氧，也會伴隨「雜味」出現，而這些同樣會被威士忌同源物清除。

威士忌同源物不僅帶有濃厚華麗的甜美香氣，還能像這樣以各種方式緩和乙醇的「黏膜辛辣刺激」，對威士忌獨特的「圓潤感」，想必也有一分貢獻。

想到這裡時，就不禁要對「在木桶裡長期熟陳」這個威士忌獨有的工程佩服不已。

「後熟」的謎團

經過漫長的熟陳後，威士忌原酒終於要製成商品了。不過在那之前，還有兩項必經的工程，那就是「調和」與「後熟」。

乙醇濃度約60％的威士忌原酒，通常會先和其他原酒拌合（Vatting）後，再進行調和（加水），將濃度調整到37～43％。用來調和的水，自然也是經過精挑細選的。不用說，除了必須是無色、無味、無臭的水之外，還有更多條件。三得利的前會長，長期擔任調酒大師（Master Blender）的佐治敬三先生，在其著作中曾經形容用來調和威士忌的水「宛如光照下的三稜鏡」。我認爲佐治先生的意思是，就像光線穿過三稜鏡後分散出七色虹光，調和用的水，必須能讓威士忌的香氣更加放大、擴散開來才行。

人們從很久以前就認爲，最適合用來調和的水，就是原酒本身生長的蒸餾所的水。或許是要碰到來自生長地的水，威士忌才能毅然決然將香氣完全舒展開來。

奇妙的是，從以前就有實際製作威士忌的人指出，調和結束後，直到威士忌的香味完全穩定下來前，還需要再等待數個月以上的時間。調和並經過短時間的攪拌後，乙醇濃度就會達到完成品所要求的數值，不再改變。但目前的狀態依然不能出貨，必須花費相當的時間等待，直到乙醇刺激性的味道緩和爲止。在調和後與出貨前，再度進行貯藏的工程，稱爲「後熟」。後熟所需的時間，長則1年，再短也要數個月。

爲什麼還需要這麼麻煩的步驟呢？以水來說，氫鍵的結合與切斷，每秒就可以重複進行3000億～5000億次。過去人們通常都認爲，水與乙醇的混合溶液，透過氫鍵的結合，就能讓其結構瞬間穩定下來。這種想法不僅只考慮到氫鍵，也表示水加入原酒後，水和乙醇就會瞬間均勻化，如果眞是如此，之後額外花費成本進行再貯藏的後熟工程，就毫無意義了。

在現場製作威士忌的從業人員，根據他們敏銳的感覺做出的判斷，有時會與科學的預測背道而馳。雖然無法用道理說明，他們依然重視自身感官評斷的結果，將後熟這項工程保留了下來。加水讓乙醇濃度達到固定值後，究竟還會發生什麼事呢？「隱藏在後熟裡的謎團」，經常是我們這些研究者津津樂道的話題。

筆者認為，解開這個謎團的關鍵，或許就在乙醇溶液的結構模型上。加水之前，乙醇濃度60％的威士忌原酒中，已由水、乙醇、木桶溶出物質共同打造了穩定的溶液結構。然而在調和後，溶液結構周圍環境的乙醇濃度變成了約40％的新狀態。這種狀態或許會使分子結構發生重組現象，乙醇藉由疏水交互作用形成新的團簇，周圍又被水合殼重新包覆，木桶溶出物質再支撐起這個新成形的結構。如此一來，這些結構需要花一定時間才能穩定下來，也就不是什麼奇怪的事了。

在製造現場的專業人士，只需要極短時間的感官判斷，就能了解後熟所代表的意義，他們的慧眼令人無比敬佩。或許在不遠的未來，就能揭開「隱藏在後熟裡的謎團」的神祕面紗了。

有點「美中不足」的工程

後熟結束後，威士忌才終於成為獨當一面的商品。不過在那之前，威士忌還必須經歷一個偏離「製造美酒」初衷的工程，那就是「冷凝過濾」。

經過漫長的時光，威士忌原酒中累積了許多木桶溶出物質，有些是好不容易才終於溶進60％乙醇溶液的。其中有些物質，在威士忌加水稀釋到濃度近40％時，就會從原本的溶解狀態逐漸分離析出。也有的物質加水後，雖然能在溫暖的季節維持溶解狀態，但一旦氣溫下降，就會凝固析出。

為了避免這種狀況，加水稀釋後，就必須在將近零度的低溫中重新過濾威士忌，將預計會析出的物質先行排除。

這個步驟，對於改善威士忌的風味毫無意義。說起來，最初就是因為有消費者抱怨「威士忌看起來很混濁」，才發展出來這個對策。過去雖然不存在這種做法，不過現在考慮到一般消費者的反應，大多數酒廠都會加上這個步驟。

然而，過度顧慮外觀上的品質，除去了耗費多年時間才熟陳的木桶溶出物質，實在非常可惜。我們這些消費者應該再好好思考，所謂品質保證究竟是保證什麼，否則就會錯失享受美好事物的機會。

或許是聽到了這些反對意見，最近市場上也開始出現未經冷凝過濾的商品。寒冷的季節裡，當我們望著玻璃杯中的威士忌時，不妨放開心胸，享受「可以看見熟陳物質！」的樂趣吧。

第15章 會思考的威士忌

謹記在心的3個關鍵詞

「主動等待」

如果要舉出3個威士忌的關鍵詞，筆者首先想提出的是「等待」。

前面也提過，威士忌的製造工程中，從大麥發芽到蒸餾所需的時間，最長也不過約1個月而已。以貯藏10年的威士忌來說，貯藏時間就是120個月，可以說製造期的99％以上都用來貯藏了。經過製麥、糖化、發酵、蒸餾這些精心設計的工程後，新酒於焉誕生，在這個階段，威士忌基本的性格和方向性已大致底定。即便如此，爲了讓新酒熟陳爲品質更棒的威士忌，還是必須在橡木桶中花費「99％」的時間，靜靜等待才行。

說是「等待」，但「被動等待」和「主動等待」的意義，可是有著很大的差別。

「被動等待」，就只能是在他人的命令下「受命等待」，或者是違反自己意願的「被迫等待」，絕不不是什麼讓人愉快的事。以極端的例子來說，等待著刑期結束的受刑人，雖然有些誇大，但他們就像《等待果陀》的劇情一樣，只能沒有目標地繼續等待，那樣毫無道理的世界，是可能招致毀滅的。

另一方面，「主動等待」則包含了等待者明確的意志。那是對未來抱持期待和預測的「等待」，是極具自主性的行為。等待者必須要能發揮想像力，在腦海中描繪未來的模樣。此外，「等待」這件事，是有意圖地控制住自己想要行動的行為。具有想像力和自制力，對人類來說是極具知性的行為。「被動等待」和「主動等待」之間，就是如此天差地別。

近年來，科技的進展讓人類社會愈來愈方便，而其中一項方便性的指標，就是「不需等待」及「不讓他人等待」。現在的我們，儼然已處於是「不需等待的社會」及「不讓他人等待的社會」了。這樣的社會，確實會因為減少了「被動等待」的機會與人而受到讚揚。然而如此一來，也同時剝奪了「主動等待」的機會與人，這意味著想像力和自制力這些極度知性的元素，也從社會裡被剝奪了，這是我們應該擔心的面向。不知不覺中，「不需等待的社會」及「不讓他人等待的社會」，最終是否會淪為

「無法等待的社會」？

俗話說「桃栗3年柿8年」，有些事物如果不願耐心等待，是無法開花結果的。唯有託付給超越人類智慧的時光才能完成的事，人類應當謙虛以對。但在「無法等待的社會」裡，往往對其視而不見。

想像著10年後、甚至更久以後的品質，同時耐心地靜靜等待。在現在的社會潮流下，製造威士忌儼然是極其特異的行業了。做爲在我們周遭懷抱夢想「等待」的象徵，威士忌可說是相當珍貴的物品呢。

「循環」的驚奇力量

想像著10年後的威士忌原酒，聚精會神地觀察貯藏桶，就會發現橡木桶正在呼吸。因應周遭環境的變化，靜靜吐納著。橡木桶呼吸的原動力，來自圍繞著大氣和大地的水與空氣的2大循環系統。

長時間靜置於超越人類智慧的循環系統，就是威士忌的生長環境，明白這一點後，人自然會變得謙虛。若不想讓做爲容器的木桶干擾循環，就必須取用早已融入蒸餾所環境的板材，精心製作才行。管理員也必須時時注意水和空氣的循環是否順暢，以敏銳的心，守護著威士忌緩慢但確實的成長。

威士忌在循環系統裡持續變化著，過程相當複雜。氧化和醇解讓木桶板材的物質分解，成爲威士忌成分的行列；威士忌成分會發生化學變化（氧化、水解等）；生成物彼此也會出現化學反應（縮醛化、酯化、縮合反應等）。隨著熟陳物質的形成，酒的面貌也千變萬化。

啓動這些變化的力量，就是水和空氣反覆進出木桶的活動。光是反覆進出還不夠，水和空氣也必須非常清淨澄澈。水和空氣，會在巡遊大地和大氣的過程中變得澄澈。因此反覆進出木桶，或許也是在大地和大氣間循環的一部分。這時的威士忌，會和循環系統合爲一體。雖然循環的現象十分細微，但無論過了多久，都會確實反覆地進行下去。

就這樣，威士忌與水和空氣一同將時間「昇華」，一同度過「透明的時間」。經歷這些後，才終於轉變爲圓潤的威士忌原酒，曾經的粗曠新酒宛如一場夢。親眼見證循環的偉大力量後，人們將更能理解「主動等待」的重要性。因此，說到威士忌的第2個關鍵詞，我會選擇「循環」。

沒有「物質」，只有「狀態」

在第1章也介紹過，坂口謹一郎博士用「美德」這個詞形容威士忌熟陳後的狀態，對筆者而言，這個詞彙完全說中了熟陳的本質。

威士忌在熟陳過程中生成的物質，以各種形式發揮了各自的特性，替威士忌香味的形成添上一筆。例如酚類化合物具有香草醛一般華麗的香氣與適度的澀味，使威士忌溶液的結構穩定，使酒精的味質變得溫和，風味更加乾淨。

但酚類化合物過多時，未必能變成好喝的威士忌。研究後發現，依然存在許多酚類化合物含量少，但依舊高雅美味的威士忌。

威士忌含有高達數千種成分，雖有活性強弱之別，但應該也和酚類化合物一樣，每種成分會各自發揮多元的特性，參與威士忌香味的形成。實際將威士忌中的不揮發物質以分子量大小分類，會發現多達10萬以上、低至1000以下的成分都有，分布的範圍相當廣泛。此外，這些成分群並非獨自發揮自己的個性，而是會彼此互動反應，從而形塑出威士忌的性格。木桶溶出物質對水和乙醇結構化的幫助，就是很好的例子。

會逐漸蒸發的揮發性物質，也是由多個分子聚合而成。乙醇分子聚合物、水分子聚合物、包住水的乙醇團簇，以及包住各種酯類的乙醇團簇，這是我們可以用測定器測出的部分。然而，測得到的僅僅是一小部分而已。實際上，想必還有無數的揮發性物質在進行各種交互作用，刺激著我們的嗅覺。揮發性物質尚且如此，想到溶液狀態的威士忌中，還有無數不揮發物質之間的交互作用，就忍不住要頭昏腦脹了。

筆者想起從前聽過的印度民間故事。7個眼盲的男子針對大象的「形狀」吵了起來。摸到象鼻的男子說「大象是像水管的東西」，摸到象腿的男子說「才不是，大象是像樹幹才對」，摸到肚子的人又說「你們到底在說什麼，大象明明就像牆壁一樣啊」，7人爭論不休。

威士忌的熟陳，也和這個故事有些許相似之處。熟陳，並沒有可以一言以蔽之的「形狀」。本書所介紹的雖然是眞實的，但那也並非全貌。應該說，我們或許只碰觸到皮毛而已。眞正的本質，就在「水管」「樹幹」和「牆壁」的另一面。

確實，對威士忌來說，並不存在加了就會變好喝、變圓潤的特效藥。熟陳期間生成的無數成分形塑了威士忌的容貌，賦予了威士忌的品格。這或許就是坂口博士所言的「美德」吧。我們無法將威士忌的一部分取出，並宣稱「這就是熟陳的眞面目，重量是某某公克」。然而，熟陳的威士忌又確實存在，就在我們眼前。說起來，威士忌的熟陳中，原本就沒有以「物質」形式存在的「本體」。即便眞有所謂的「本體」，也是在那之中的「已熟成的狀態」。因此，關於威士忌的第3個關鍵詞，大概就是「狀態」了。威士忌是「狀態之酒」，狀態確實存在，只是我們無法摸清它的「形狀」。

會思考的威士忌

天馬行空想了這麼多威士忌的事，筆者不禁想對烈酒杯中的琥珀色液體說：「你啊，會思考呢！」因爲這3個聯想到威士忌的關鍵詞，也像是給平常被時間追著跑的自己的訊息。

現代這個「無法等待的社會」，同時也是以「物質」爲中心的社會。我們的價值觀，往往在不知不覺間，就會傾向認爲可以捉摸、量測的「物質」才是有意義的。我們這些現代人的行動準則，經常是以將擁有這些價值的「物質」納入手中爲明確目標，並在短時間內迅速、直線性地行動，這是無法否認的事實。

然而，當我們啜飲芳醇的威士忌時，都能眞實地感受到在「等待」之人與「循環」之自然的看顧下，威士忌成長爲熟陳「狀態」的偉大。威士忌，會讓我們體會超越人智的時光、大氣與大地的偉業。接著，回頭想起日常生活中被忽略的重要事物。

狀態之酒——威士忌，是會思考的。

結語

夜裡，獨自放空品嘗著威士忌，是筆者最幸福的時刻。在這樣的時候，筆者不時會哼起威士忌廣告一度經常使用的歌曲。

「咚咚叮咚……」那是小林亞星作詞作曲的《四海皆兄弟～夜晚來臨（原文：人間みな兄弟～夜がくる）》。伴隨著這個旋律啜飲威士忌，全身都會感到自在舒暢，心情也變得柔軟起來。「是啊，人與人都是兄弟，是生活於同一個時代的兄弟」，這般想法浮現腦海。

威士忌是可以讓人的心靈變溫柔的酒。筆者在前作《威士忌的科學（原文：ウイスキーの科学）》中就提過此事，但在經過將近10年後的現在，這樣的想法仍未改變。

不過，在這10年間，威士忌的環境已產生很大的變化。萎縮了4個半世紀的市場景況，就在前作出版後突然反轉，並持續擴大到現在。如今，國際已相當肯定日本威士忌的價值了。

筆者在觀察日本威士忌的發展時，從製造威士忌的樂趣和威士忌熟陳的偉大之中，感受到了「果眞如此」的確信感。接著，便開始想將前作中缺乏的、未能記錄的部分補足。懷著這樣的念頭，將前作大幅加筆後，就成了本書。

筆者本身並沒有在製造現場，爲製造威士忌汗流浹背的經驗。筆者只是在周圍旁觀，時而敬佩，時而驚訝，並獲取了一點點知識而已，此話絕非自謙。在撰寫的過程中，有賴諸位經驗豐富的前輩留下文獻、書籍，筆者從中借重許多高見，僅在此表達敬意，萬分感謝。

本書得以付梓，要再次感謝前作著作中，對筆者多所照顧的各方賢達。首先，必須向前三得利（股）基礎研究所所長、前近畿大學教授的吉栖肇博士致上誠摯謝意。「要不要來研究熟陳啊？尤其是水跟酒精，從一般人忽略的地方下手吧！」博士的關西腔，如今言猶在耳。對於從前作就不斷鼓勵筆者、給予筆者寶貴建議的三得利烈酒（股）．名譽首席調酒師的輿水精一先生，筆者發自內心感謝。若無輿水先生的幫助，前作就不會完成，本書更不可能付梓。曾任前三得利（股）董事和山崎廠長，並建設白州工廠的嶋谷幸雄先生，也和筆者撰寫前作時一樣，每每有機會便提供溫柔的建議，並和筆者聊許多製造威士忌的二三事。嶋谷先生現在依然致力於提升日本威士忌的整體品質，其一言一語都讓筆者獲益良多，在此，再度致上謝意。感謝三得利烈酒（股）的四方秀子博士授權本書刊載酵母液胞的珍貴照片。對米澤岳志博士和四方博士的研究成果，在此表達由衷的敬意。從前作到本書的12章及14章，筆者撰寫時都曾向東海大學名譽教授榊原學博士請教，並獲得許多珍貴的建議。撰寫13章時，也參考了自然科學研究機構・分子科學研究所的前教授西信之博士的指導。對於兩位博士，筆者在此表達深深的謝意。關於威士忌多酚等熟陳物質的性質和活動，近畿大學農學部的白坂憲章博士，和長崎大學藥學部的教授田中隆博士，皆曾給予諸多指導，衷心感謝。此外，對於前作的付梓盡心盡力的三得利控股公司（股）執行職員・廣報部門負責人濱岡智先生、三得利烈酒（股）調酒室室長暨首席調酒師福與伸二先生及調酒室的所有成員，再次致上感謝。當時承蒙照顧的藤井敬久先生，現在已成爲山崎蒸餾所的廠長，站上了威士忌製造的最前端；而山田祐理小姐也致力於推廣木桶板材的有效活用（三得利樽物語），對二位致上敬意。本書所使用的照片，多來自三得利烈酒（股）的授權，再次感謝。最後是編輯部的山岸浩史先生，不僅前作，本次也受到您許多照顧。過程中若無山岸先生誠摯的建議與幫助，前作與本書將無法順利付梓。發自內心由衷感謝。

古賀邦正

2018年1月

威士忌的常見問題

本書主要內容爲介紹威士忌的製造工程，旨在帶領讀者了解威士忌的趣味，但最後也想提供一些實際的入門指引，以期能讓讀者愉快地享受威士忌。下面就列出幾個筆者經常接到的疑問吧。

Q1 威士忌有賞味期限嗎？

這是筆者最常聽到的問題，直接說結論的話，基本上是「沒有」。威士忌製成商品後，最少10年內品質都不會改變。以這麼長的時間來說，飲用的人還變得比較多。

在品質劣化上，最擔心的就是微生物汙染，但對威士忌而言，酒精濃度40％以上的都沒有這個疑慮。再來是氧化導致的劣化，爲了不讓芳香成分和酒精蒸發，威士忌的容器都有很好的密封性，外界的氧氣難以進入，自然也沒有氧化問題。更不用說威士忌還有強大的活性氧清除能力，而活性氧就是造成氧化的原因。這都要多虧木桶溶出的威士忌多酚的力量，也就是我們提過由單寧生成的化合物群。

不過，還是要避開陽光直射和高溫的環境。另外，如果有樟腦丸或肥皂等氣味強的物品長期放在附近，可能造成風味減弱或染上外界氣味。

比起威士忌的品質劣化，更該擔心的是容器的品質劣化。許多威士忌容器都是用軟木塞封口，經過10年可能會出現破損，例如軟木塞收縮、無法塞緊瓶蓋，或軟木塞分解。雖然這樣也不至於讓威士忌的品質出現大幅變化，不過還是建議在那之前就先喝光吧。

Q2 威士忌買回來後，是不是愈放愈好喝？

這是第二常見的問題。筆者曾向擔心賞味期限的人詢問爲何要放那麼久，得到的答案是「因爲我想這樣可能會更好喝」，然而，這也是不對的。威士忌在橡木桶裡貯藏的約12年間，品質的確會逐漸提升，但離開橡木桶並裝瓶爲商品後，各種成分在木桶裡發生過的交互作用，此時皆已穩定下來，因此就算放久了，品質也不會有太大變化。

Q3 「水割」是不正確的飲用方法？

過去有很長一段時間，筆者都不太偏好這種方式，單純覺得把特地桶陳過的威士忌拿去混其他飲料，實在太浪費了。不過近年來也開始覺得，過度執著於特定的飲用方法，好像不太好。調酒師在品評威士忌時，也會先加入1比1的水，這種飲用法稱爲「Twice Up」，是能讓香味更加釋放出來的方式。經年累月塑造出來的熟陳狀態，因爲加入新的條件而綻放，享受這樣的「變化」也不失爲一種品酒的方式。就像當我們用餐時，也會享受食物的溫度、成分和形態隨時間發生的變化。

除了冰水外，偶爾換加常溫的水也頗有樂趣，意外地可以享受到豐富多變的香氣。

Q4 除了水割之外，還有其他不錯的飲用方法嗎？

很推薦「曼哈頓（Manhattan）」這款雞尾酒，是由威士忌和苦艾酒調製而成。還有一款叫「愛爾蘭咖啡（Irish Coffee）」的雞尾酒，是愛爾蘭威士忌與咖啡的組合。天氣寒冷時，不妨試著在紅茶或咖啡裡加進一點點威士忌，釋放的香味可以讓心也溫暖起來。

威士忌加可樂的「威士忌可樂（Whiskey Cola）」過去曾經一度爆紅，筆者當時還有點看不下去，覺得「在威士忌裡加入那麼甜的可樂成何體統」，但現在已轉念認爲「嗯，這也是一種搭配方式嘛」。這或許就是所謂「年紀大了，閱歷也多了」吧。

想輕鬆喝點威士忌時，最適合的就是加了氣泡水的「高球酒（也稱威士忌蘇打）」。筆者年輕時住在大阪，比較早下班時，經常會到露天神社附近的「SAMBOA」酒吧坐坐。黃昏來臨前，在吧檯邊喝一杯冰涼的高球酒，那感覺眞是難以形容。少話的酒保會問著「要看嗎？」邊遞出一份晚報，黃昏、高球酒和晚報的組合，令筆者完全著迷。很久以後才知道，原來「SAMBOA」似乎就是威士忌高球酒的發祥地。

不知爲何，筆者覺得，用人工方式將二氧化碳打進天然水製成的氣泡水，比較適合用來調製高球酒。筆者偶爾會用歐洲產的天然氣泡水加進葡萄酒飲用，因此也嘗試用這種氣泡水調製高球酒，但喝起來總是不太爽口。

以威士忌的種類來說，也有適合用來調製高球酒與不適合的。三得利的「白札威士忌（White）」和「角瓶」的價位雖然親民，筆者卻認爲用這附近等級的威士忌，就能做出好喝的高球酒。使用更高價的威士忌，喝起來反而沒有驚喜感。不過，一位筆者的威士忌導師兼友人，曾經泰然自若地點了一杯用艾雷島單一麥芽威士忌做的高球酒，筆者有樣學樣，想不到意外地好喝。獨特的煙燻香味令人愉快，可以享受到不同類型的高球酒。凡事都要試過才知道呢！

Q5 可以在用餐時搭配威士忌嗎？

邊用餐一邊喝威士忌，覺得這樣很奇怪的人意外地多。大概是「在酒吧裡安靜喝威士忌」的形象太過鮮明，所以說到搭配的食物，比較容易聯想到巧克力、堅果、乾果之類常見的「下酒點心」。

不過，可以因應料理味道的濃淡，加入水或氣泡酒調節濃度的威士忌，其實很適合做爲佐餐酒。尤其是味噌或非常入味的重口味料理，和威士忌非常搭。中式料理或炸物等比較油的料理，適合配高球酒。另外，如果要搭配牡蠣，筆者一定要推薦波摩（Bowmore）之類煙燻香味強烈的麥芽威士忌，是驚爲天人的絕妙組合。

如果你覺得吃飯就是要配啤酒或葡萄酒，誠摯推薦把威士忌也加入你的輪替酒單。多了一位「飯友」，人生也就多了一分樂趣。

参考書籍

坂口謹一郎著「愛酒樂酔」（講談社文芸文庫　１９９２）
梅棹忠夫・開高健監修「ウィスキー博物館」（講談社　１９７９）
土屋守著「シングルモルトを愉しむ」（光文社新書　２００２）
河合忠著「琥珀色の奇跡」（現代創造社　２００７）
嶋谷幸雄著「ウイスキーシンフォニー」（たる出版　１９９８）
佐治敬三著「洋酒天国」（文藝春秋　１９６０）
廣松恭幸・山下喜史・菊川雅也ほか著「酒の社会史」（アルコール健康医学協会　１９９７）
土屋守著「改訂版　モルトウィスキー大全」（小学館　２００２）
橋口孝司著「ウイスキーの教科書」（新星出版社　２００８）
輿水精一著「ウイスキーは日本の酒である」（新潮新書　２０１１）
嶋谷幸雄・輿水精一著「日本ウイスキー世界一への道」（集英社新書　２０１３）
菅間誠之助著「焼酎のはなし」（報文社　１９８４）
加藤定彦著「樽とオークに魅せられて」（ＴＢＳブリタニカ　２０００）
山口瞳・開高健著「やってみなはれ　みとくんなはれ」（新潮文庫　２００３）
山本隆著「脳と味覚」（共立出版　１９９６）
西信之・佃達哉・斉藤真司・矢ヶ崎琢磨著「クラスターの科学」（米田出版　２００９）
水島昇著「細胞が自分を食べるオートファジーの謎」（ＰＨＰ研究所　２０１１）
Jorma O. Tenovuo（石川達也・高江洲義矩　監訳）「唾液の科学」（一世出版　１９９８）
Hildegarde Heymann, Susan E. Ebeler, Sensory and Instrumental Evaluation of Alcoholic Beverages（Elsevier, 2016）

参考文獻・綜述

J. R. Piggott, R. Sharp, R. E. B. Duncan（Edit.）, The Science and Technology of Whiskies, Longman Scientific & Technical（1989）

S. Beek, F. G. Priest, Evolution of the Lactic Acid Bacterial Community during Malt Whisky Fermentation: a Polyphasic Study, Applied and Environmental Microbiology, 68（1）, 297-305（2002）

鰐川彰「モルトウイスキーへの乳酸菌とビール酵母の関与」（日本醸造協会誌　98〈4〉、２４１-２５０　２００３）

四方秀子「酵母特性がウイスキー原酒特性に及ぼす影響」（日本醸造協会誌　１０１〈5〉、３１５-３２３　２００６）

K. Nishimura, M. Masuda, Minor Constituents of Whisky Fusel Oils, J. Food Science, 36, 819-822（1971）

増田正裕・杉林勝男「ウイスキーの香り」（日本釀造協會雜誌　75〈6〉、４８０-４８４　１９８０）

J. M. Conner, A. Paterson, J. R. Piggott, Release of distillate flavor compounds in Scotch malt whisky, J. Sci. Food & Agric., 79, 1015-1020（1999）

I. Matsumoto, K. Abe, S. Arai. Molecular logic of alcohol and taste, Jpn. J. Alcohol Studies & Drug Dependence, 41（5）, 431-444（2006）

田辺正行・中川圭一「ウィスキーの味覚」（化学工業　2、10-16　１９９７）

増田正裕・小村啓「ウィスキーの味、香り（その1）香味成分とその由来」（日本醸造協会誌　88〈1〉、29-33　１９９３）

K. Egashira, N. Nishi, Low Frequency Raman Spectroscopy of Ethanol-Water Binary Solution: Evidence for Self-association of Solute and Solvent Molecules, J. Phys. Chem. B, 102, 4054-4057（1998）

N. Nishi, K. Koga, C. Ohshima, K. Yamamoto, U. Nagashima, K. Nagami, Molecular Association in Ethanol-Water Mixtures Studied by Mass Spectrometric Analysis of Clusters Generated through Adibatic Expansion of Liquid Jets, J. Am. Chem. Soc., 110, 5246-5255（1988）

P. Boutron, A. Kaufmann, Metastable states in the system water-ethanol. Existence of a second hydrate; curious properties of both hydrates, J. Chem. Phys., 68（11）, 5032-5041（1978）

R. W. Cargill, Solubility of Oxygen in some Water＋Alcohol Systems, J. Chem. Soc. Faraday I, 72, 2296-2300（1976）

古賀邦正「酒精水溶液と酒類の物理化学的性質」（日本食品工業学会誌　26〈7〉、３１１−３２４　１９７９）

K. Koga, H. Yoshizumi, Differential Scanning Calorimetry（DSC）Studies on the Structures of Water-Ethanol Mixtures and Aged Whiskey, J. Food Science, 42（5）, 1213-1217（1977）

K. Koga, H. Yoshizumi, Differential Scanning Calorimetry（DSC）Studies on the Freezing Processes of Water-Ethanol Mixtures and Distilled Spirits, J. Food Science, 44（5）, 1386-1389（1979）

K. Otsuka, Y. Zenibayashi, M. Itoh, A. Totsuka, Presence and Significance of Two Diastereomers of β-Methyl-γ-octalactone in Aged Distilled Liquors, Agric. Biol. Chem., 38, 485-490（1974）

駒井三千夫「口腔内の一般体性感覚と味覚」New Food Industry, 37（5）, 55-64（1995）

K. Koga et al., Reactive oxygen scavenging activity of matured whiskey and its active polyphenols, J. Food Science, 72, 212-217（2007）

K. Koga et al., Profile of non-volatiles in whisky with regard to superoxide dismutase activity, J. Biosci. Bioeng., 112, 154-158（2011）

S. Sus et al., Leaky Gate Model: Intensity-Dependent Coding of Pain and Itch in the Spinal Cord,

Neuron, 93（4）, 840-853（2017）

D. Gazzieri et al., Substance P released by TRPV1-expressing neurons produces reactive oxygen species that mediate ethanol-induced gastric injury, Free Radic. Bio l. Med., 43（4）, 581-589（2007）

索引（依注音符號排序）

知的！162

威士忌的科學

製麥、糖化、發酵、蒸餾……創造熟陳風味的驚奇祕密

最新 ウイスキーの科学

作者 古賀邦正
內文圖片 SAKURA工藝社
譯者 黃姿瑋
編輯 吳雨書
校對 吳雨書
封面設計 陳語萱
美術設計 曾麗香

創辦人 陳銘民
發行所 晨星出版有限公司
407台中市西屯區工業30路1號1樓
TEL：04-23595820 FAX：04-23550581
http：//star.morningstar.com.tw
行政院新聞局局版台業字第2500號
法律顧問 陳思成律師
初版 西元2020年5月15日
再版 西元2021年7月01日（二刷）

讀者服務專線 TEL：02-23672044 / 04-23595819#230
讀者傳真專線 FAX：02-23635741 / 04-23595493
讀者專用信箱 E-mail：service@morningstar.com.tw
網路書店 http：//www.morningstar.com.tw
郵政劃撥 15060393（知己圖書股份有限公司）
印刷 上好印刷股份有限公司

定價420元
（缺頁或破損的書，請寄回更換）

ISBN 978-986-177-555-5
《SAISHIN WHISKY NO KAGAKU》

國家圖書館出版品預行編目資料

威士忌的科學：製麥、糖化、發酵、蒸餾……創造熟陳風味的驚奇祕密 / 古賀邦正著；黃姿瑋譯.
— 初版. — 臺中市：晨星, 2020.05
面；公分. —（知的！；162）

譯自：最新 ウイスキーの科学

ISBN 978-986-177-555-5（平裝）

1.威士忌酒 2.製酒

463.834 109004230